环境监测与治理

HUANJING JIANCE YU ZHILI

纪传伟　罗鸿斌　李　静 / 编著

化学工业出版社

·北京·

内容简介

本书主要介绍环境监测与治理方面的知识，包括环境监测基本要求、环境监测的内容与类型、水样采集处理、水中重金属检测、水中无机物检测、水污染治理技术、固体废物样品采集和检测、土壤样品采集和污染物检测、污染土壤修复技术、大气污染物检测、大气能见度测定、大气污染物净化技术、放射性污染监测技术和电磁辐射污染监测技术等。

本书适合从事环境监测与治理的人员以及环境科学与工程类相关专业师生参考。

图书在版编目（CIP）数据

环境监测与治理 / 纪传伟，罗鸿斌，李静编著.

北京 ：化学工业出版社，2024.9. -- ISBN 978-7-122
-45981-7

Ⅰ. X83；X3

中国国家版本馆 CIP 数据核字第 202446UD46 号

责任编辑：彭爱铭　　　　　　　　装帧设计：刘丽华
责任校对：王鹏飞

出版发行：化学工业出版社
　　　　　（北京市东城区青年湖南街 13 号　邮政编码 100011）
印　　装：大厂聚鑫印刷有限责任公司
710mm×1000mm　1/16　印张 12¼　字数 200 千字
2024 年 10 月北京第 1 版第 1 次印刷

购书咨询：010-64518888　　　　　售后服务：010-64518899
网　　址：http：//www.cip.com.cn
凡购买本书，如有缺损质量问题，本社销售中心负责调换。

定　　价：59.00 元　　　　　　　　版权所有　违者必究

随着人类社会的不断发展，自然环境与人类之间的关系发生了微妙的变化，日益严重的环境问题是人类社会面临的主要难题，已经成为危害人类及动植物健康、制约经济发展和社会稳定的重要因素。当前，我国的环境污染问题主要表现在：水资源短缺，有些地质存在水污染、土壤污染和大气污染以及放射性污染等。为了更好地解决这些环境问题，保护我们的生态环境，需要合理进行环境监测与治理。

环境监测能够快速准确地获取到重要数据，通过科学手段进行详细解析，最后合理使用数据，然后作为环境立法、执法、规划和决策的重要依据。环境监测标准方法能够确保环境监测数据的真实可信性，有利于后续的环境治理。基于此，作者编写了本书。

本书共五章。第一章是关于环境监测的内容，其中包括环境监测基本要求、环境监测的内容与类型、主要作用和意义、环境监测技术的发展与对策等，让读者对环境监测及其技术有一定的了解；第二章是针对水体污染的危害与治理实践应用研究，将水污染的成因与传播途径、水污染的危害与有效治理措施、水污染治理技术实践应用、水资源合理开发与利用进行分析，更加清晰地了解整个水体治理过程，加强人类对水资源保护的意识；第三章是有关土壤污染的危害与治理实践应用的内容，其中包括土壤污染物的特征与形成过程，并从土壤污染中的物理修复技术、化学修复技术以及植物修复技术三个方面进行技术内容讲解；第四章是大气污染的危害与治理实践应用研究，分析大气污染物及其污染来源、污染危害与治理措施，并从粉尘污染物治理技术以及气态污染物生物净化技术两方面进行合理研究；第五章是关于放射性污染的危害与监测技术，探索放射性监测的主要使用仪器，分析放射性监测技术以及电磁辐射污染监测技术的内容。

本书由东莞理工学院纪传伟老师、罗鸿斌老师和东莞市清洁生产科技中心李静老师共同撰写完成。其中，纪传伟老师撰写第三章和第四章第二节、第四节以及第五章，8万字；罗鸿斌老师撰写第一章和第四章第一节，6万字；李静老师撰写第二章、第四章第三节，6万字。

本书在写作过程中得到了相关领导的支持和鼓励，同时参考和借鉴了有关环境监测与治理技术的专家和学者的研究成果，在此表示诚挚的感谢！ 由于时间及能力有限，书中难免存在疏漏与不足之处，欢迎广大读者给予批评指正！

2024 年 4 月

编著者

目录

第五章
放射性污染的危害与监测

166

参考文献

第一章

绪论

随着时代的发展，人民生活越来越富裕，科学技术水平也随之提升，但是却忽略了对环境的保护。环境监测与治理技术在我国环境保护发展中发挥着不容忽视的作用。只有经常进行环境监测，才可以发现问题并及时治理。

第一节　环境监测的基础内容

一、环境监测概述

通常情况下，环境监测主要是指国家相关部门以及社会机构针对环境问题提供的环境服务活动等。环境监测包含许多内容，如现场调查工作、样本采集工作以及综合评价工作等。环境监测工作的目的是通过对试验样品的分析与了解，明确环境变化的实际情况，从而针对其中存在的问题，给出相应解决措施。目前，环境污染问题逐渐得到人们的重视，如果不能有效解决与环境监测相关的问题，人们的健康安全就会受到负面影响。

二、我国环境监测基本要求

我国环境监测经过不断发展，其覆盖范围日益扩展，环境监测项目也越来越丰富，环境监测技术和手段随着科技的进步也在不断提高。作为一项公益性事业的环境监测不仅要面向社会环境热点问题，在环境监测的理论和监测技术、监测可行方案方面也有基本的要求。

（1）环境监测要有十分明确和具体的监测目标。

（2）监测信息要能界定出环境热点区域，在早期要对各环境污染区域的污染提出监测预警。

（3）监测方案必须确立数据质量目标，拟定一套规范的环境监测数据质量保证和控制程序；同时监测方案的编制和实施要根据情况灵活进行，以保证环境监测后期能及时修正出现的问题。

（4）环境监测数据具有可辩护和可防御性，能够为环境设计、调试和验证做出定量的预测模型，同时还能为区域环境管理者制定环境监测标准提供科学的依据。

（5）要精心规划和设计环境监测项目，制定一套切实可行的环境监测制度，使得监测方法标准化、监测程序规范化。

（6）环境监测结果能够直接反映环境污染源和污染程度，对于环境质量的基本状况也能够明确显示，它可以为环境评估和环保措施提供决策依据。

三、环境监测的内容与类型

（一）环境监测的内容

环境监测是以人类生存与活动的环境为监测对象的，环境中的各种有害物质对环境造成的污染是环境监测的重点。

1. 物质的形式

物质根据其组成和结构的不同有不同的形式，如图 1-1 所示。

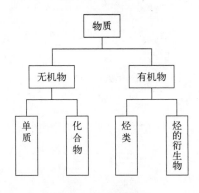

图 1-1 物质的形式

2. 污染物质的分类

污染物质主要分为无机污染物和有机污染物两种。

（1）无机污染物

根据无机物质的组成，无机污染物的分类如图 1-2 所示。

（2）有机污染物

根据有机物质的组成，有机污染物的分类如图 1-3 所示。

3. 环境监测的具体内容

对上述各种有害物质的监测，包括对无机污染物的监测、对有机污染物的监测及对噪声、电磁、热等物理能量的监测，都是环境监测的内容。要有针对性地选用不同的监测技术进行环境监测。

根据环境监测的介质不同，环境监测的内容也不同，如表 1-1 所示。

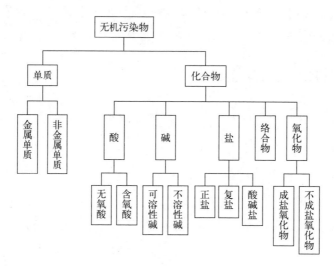

图 1-2　无机污染物的分类

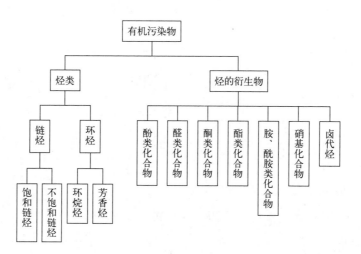

图 1-3　有机污染物的分类

表 1-1　环境监测的内容

监测对象	监测内容	监测项目	监测参数
空气	分子污染物	SO_2、NO、CO、O_3、总氧化剂、卤化氢以及碳氢化合物等	风向 风速 气温 气压
	粒子污染物	总悬浮颗粒（TSP）、可吸入颗粒（IP）、自然降尘量及尘粒的化学组成，如重金属和多环芳烃等	
	酸雨	pH、电导率、降水量及 SO_4^{2-}、NO_3^-、F^-、Cl^-、NH_4^+、Ca^{2+}、Mg^{2+}、N^+、K^+ 9种离子浓度	
	特定项目		

监测对象	监测内容	监测项目	监测参数
水质	水质污染	温度、色度、浊度、电导率、悬浮物、溶解氧、化学耗氧量和生化需氧量	水体的流速和流量
	有毒物质	酚、砷、铬、镉、汞、镍和有机农药等	
土壤固弃物	工业废弃物	废水、废渣、重金属	元素的浓度
	化肥和农药	氮、磷、钾和有机氯、有机磷农药含量等	
	特定项目		

从表中可以看出，环境监测的每个对象中都有许多的监测项目。环境监测工作是一项复杂、长期、繁重的任务，不仅要消耗大量的人力、物力和财力，还要受到监测区域的发展水平、科技水平等的影响，所以区域环境监测不可能对所有污染物和污染源进行监测，要根据实际情况挑选出对解决问题最关键和最迫切的项目来进行监测，并制定科学合理的监测方案。

（二）环境监测的类型

1. 监视性监测

环境监测中的常规或例行监测就是执行纵向监测指令的监测任务，对影响空气环境、水环境和噪声环境质量的因素进行监测，掌握环境污染情况及其变化趋势，对环境污染的控制措施进行评价，判断环境标准的实施情况，从而积累环境监测的各种数据，为行业、区域和产业内的环境保护提供理论依据。

对县级以上的城区的空气污染物要进行空气环境质量监测，定期地积累环境质量数据并形成空气环境质量评价报告；还要对辖区内的水环境进行定期监测，形成水环境质量评价报告；同时还要对各种噪声进行经常性的定期监测。这样就可以为辖区内的空气、水和噪声污染管理提供可靠的数据，也可以为环境治理提供系统的监测资料。

2. 监督性监测

环境管理制度和政策的实施要靠监督性监测来完成，环境监测针对人为活动对环境的影响而开展的活动是环境监测部门的主要工作和职责。环境监督性监测既要掌握环境污染的源头，对污染源在时空的变化进行定期、定点的常规性监测，也要掌握污染源的种类、浓度及数量，研究其对环境造成的影响，制定环境污染治理措施，为环保提供技术支持。

3. 应急性监测

应急性监测是对突发环境事件进行有目的的监测，除了一般的地面固定监测，还包括：流动性的监测、低空监测及微型遥感监测；为减少突发的环境灾害进行的环境灾害监测；对各种污染事故进行的现场追踪监测；环境污染中的纠纷仲裁监测。这些应急性监测可以减少灾害造成的损失，摸清污染程度和范围，调解污染事故纠纷，保护人民群众的利益。

4. 科研性监测

科研性监测是监测工作中高层次、高水平的一种研究性监测，要充分考虑区域监测部门的能力和技术力量，进行多向环境开发性监测。要进行环境标准研制监测、污染规律研究监测、背景调查和专题研究监测，统一环境监测的分析方法，监测环境中污染物质的本底含量；还要研究污染源对人类环境的影响，对污染源进行化学分析、物理监测和生物监测，运用积累的监测数据和多学科知识进行专题监测。

5. 服务性监测

应按照市场经济发展的需要，为社会各部门提供经营性的环境监测技术服务，以满足生产、科研、环境评价和环境保护等的需要。

第二节　环境监测技术的作用和意义

一、常用的环境监测技术

一般来说，环境监测技术包括采样技术、测试技术和数据处理技术。按照测试技术的不同，可将环境监测技术分为现场快速监测技术、采样后实验室分析监测技术、连续自动监测技术和遥感监测技术；按照采样技术的不同，可以将环境监测技术分为手工采样-实验室分析技术、自动采样-实验室分析技术和被动式采样-实验室分析技术；按照监测技术原理的不同，可以将环境监测技术分为物理监测、化学监测、生物监测等。

（一）　实验室分析技术

目前，实验室对污染物的成分、结构与形态分析主要采用化学分析法和仪器分析法。经典的化学分析法主要有容量法和重量法两类，其中容量法包括酸碱滴定法、氧化还原滴定法、配位滴定法和沉淀滴定法。化学分析法因其准确度高、所需仪器设备简单、分析成本低，所以仍被广泛采用。仪器分析法是以物理和物理化学分析法为基础的分析方法，主要分为光谱分析、电化学分析、色谱分析、质谱法、核磁共振波谱法、流动注射分析以及分析仪器联用技术。光谱分析法常见的有可见分光光度法、紫外分光光度法、红外分光光度法、原子吸收光谱法、原子发射光谱法、原子荧光光谱法、X射线荧光光谱法和化学发光法等；电化学分析法常见的有电导分析法、电位分析法、电解分析法、极谱法、库仑法等；色谱分析法包括气相色谱（GC）法、高效液相色谱（HPLC）法、离子色谱（IC）、超临界流体色谱（SFC）法以及薄层色谱（TLC）法等；分析仪器联用技术常见的有气相色谱-质谱（GC-MS）联用技术、液相色谱-质谱（LC-MS）联用技术等。

（二）　现场快速监测技术

现场快速监测技术主要有试纸法、速测管法、化学测试组件法及便携式分析仪器测试法等。现场快速监测技术主要用来进行污染事故的应急监测。

（三）　连续自动监测技术

连续自动监测技术是以在线自动分析仪器为核心，运用自动采样、自动测量、自动控制、数据处理和传输等现代技术，对环境质量或污染源进行24h连续监测。目前，其应用于地表水水质连续自动监测、污水连续自动监测、环境空气质量连续自动监测、固定污染源烟气排放连续自动监测、大气酸沉降连续自动监测、沙尘暴连续自动监测等。

（四）　生物监测技术

生物监测技术就是利用植物、动物在污染环境中产生的反应信息来判断环境质量的方法。其常采用的手段包括：生物体污染物含量的测定；观察生物体在环境中的受害症状；生物的生理生化反应；生物群落结构和种类变化等。

（五）"3S"技术

环境遥感（environmental remote sensing，ERS）、地理信息系统（geographical information system，GIS）和全球定位系统（global positioning system，GPS）称为"3S"技术。

环境遥感是利用遥感技术探测和研究环境污染的空间分布、时间尺度、性质、发展动态、影响和危害程度，以便采取环境保护措施或制定生态环境规划的遥感活动。其可以分为摄影遥感技术、红外扫描遥测技术、相关光谱遥测技术、激光雷达遥测技术。如通过傅里叶变换红外光谱仪（FTIR）遥测大气中 CO_2 浓度、挥发性有机化合物（VOC）的变化，用车载差分吸收激光雷达遥测 SO_2 等。

采用卫星遥感技术可以连续、大范围对不同空间的环境变化及生态问题进行动态观测，如海洋等大面积水体污染、大气中臭氧含量变化、环境灾害情况、城市生态及污染等。全球定位系统可提供高精度的地面定位方法，用于野外采样点定位，特别是海洋等大面积水体及沙漠地区的野外定点。地理信息系统是一种功能强大的对各种空间信息在计算机平台上进行装载运送、处理及综合分析的工具。三种技术的结合，形成了对地球环境进行空间观测、空间定位及空间分析的完整技术体系，为扩大环境监测范围和功能、提高其信息化水平以及对环境突发灾害事件的快速监测和评估等提供了有力的技术支持。

二、环境监测技术在环境保护中的作用

在科学技术不断发展的时代背景下，更多的现代化科技产品被应用在行业发展和生产中，轻工业、重工业等工业生产也越来越多样，随之而来的就是行业的生态处理问题。基于此，我国在环境监测技术方面也开展了大量的研究，积极研发和推广科技化环境监测平台，从而在完善污染数据处理和信息汇总工作质量的基础上，有效结合具体问题落实相应的管控措施，从而提升环境保护工作的综合效果。

（一） 空气污染中应用环境监测技术

部分企业在工业生产中会产生较多的污染气体，不仅会对周围的植物、动物产生影响，也会对环境质量造成不可逆的负面作用，其中，二氧化硫气体、氟化物气体等酸性气体作用尤为突出。同时，一些污染气体排放量较大的区域也会存在烟尘和气体积聚的问题。烟尘和气体积聚会造成太阳光辐射量降低，使植物光合作用无法得到满足，这会制约区域生态平衡。另外，酸性气体与大气中的水汽凝结聚合产生的酸雨也会对土壤形成威胁。

综上所述，针对空气污染问题应用监测技术迫在眉睫。借助环境监测模式能有效对空气污染程度和污染源进行实时监测和数据分析，对工业区域内的风向参数、风速参数、气压参数、湿度参数等基础信息进行汇总，从而能有效判定区域内环境问题的根源和程度，引导相关部门落实对应的治理方案，以便减少空气污染对环境造成的危害。

（二） 水源污染中应用环境监测技术

水源污染也是近几年环境污染问题中较为重要的一项。

一方面，在城市生活中，人们生活产生的生活污水会直接流入地表水，这不仅会造成地表水自我净化能力的下降，也会制约水质的整体水平，甚至会造成城市内河出现污染、发臭等问题，严重影响城市生态环境和人们的居住空间质量。

另一方面，城市周边工厂排放的工业废水一旦流入地下水，就必然会对江河湖泊产生危害，严重威胁生态平衡。基于此，有必要在水源污染约束工作中有效落实环境监测制度，相关部门应能借助水环境监测和废水质量监测等基本模块完成监测工序，并且利用采样分析的方式践行对应的控制标准和模式，获取相关的水文参数和生物指标，这样才能制订有效的监控方案和治理流程，并将其作为水源污染约束工作的基本依据。

（三） 环境规划中应用环境监测技术

对于城市发展而言，环境和经济之间有着密切的联系，要想提升城市的发展动力，就要整合城市规划方案，有效建立完整的环境监督模式，这就需要借助环境监测技术，激发人们的环保意识，并且将其作为城市工业发展、农业发展等行业进步的根本依据，从而打造更加贴合环保要求的城市规划模式。基于此，在城市环境规划工作中应落实环境监测技术，引导人们更加直观地了解环境保护的重要性和环境污染的数据，从而建立全民参与的环保管理工作体系，促进城市科学发展，实现经济效益、社会效益和环保效益的共赢。

三、环境监测技术在环境保护中的意义

为了提升环境保护工作的综合水平，要结合环境保护要求落实对应的环境监测流程，提升具体工作的实际收效，打造更加完整的控制模式。同时，还要从提高环境监测质量管理水平入手，完善资金链的完整性，落实合理的应用体系，并且要完善监督机制和提升人员队伍的综合素质。

（一）优化质量管理

国家以及省级行政监督部门要践行对应的监督管理方案，共同建构合理性的监测质量控制平台，确保能自上而下建立合理的内部管理控制机制，从而在提升监测技术应用水平的同时，也能为环境监测信息的传递和共享提供保障。

（1）要落实第三方监督机制。主要是对不同地区落实的监测行为予以集中分析和调研取证，从而判定监测行为的真实性，减少虚假信息或者数据对地区环境保护监测工作质量造成的影响。与此同时，要结合第三方数据落实有效的整改方案，减少不良问题产生的影响和制约作用。

（2）要联合各个部门完善环境监测系统，并且结合反馈信息建立报警系统，从而强化监测人员的预警意识，借助绩效考核的模式创设更加多元化的处理平台，提高监测人员的工作积极性，优化管理效果。

（3）借助信息化技术联动监测模式的方式优化监测结果，确保相关地区的管理部门能按照标准去工作，完善监督管理方式，从而为环境监测工作的全面展开奠定坚实基础。

（4）要结合环境保护监测工作的要求组建更加专业且高水平的队伍，提高相关人员的工作认知水平，实现管理效果和监测水平的全面进步。

（二）完善环境监测制度

相关部门要对环境保护中环境监测工作的重要性给予重视，确保能在面对

发展要求的同时，调整相应的保护政策。合理落实对应的环境监测技术，不仅能对周围环境的污染程度进行分析，也能制定有效且具有针对性的环境保护控制措施，从而提升整体工作水平。

一方面，要结合环境保护要求制定对应的监测管控机制。这就要求相关部门要落实并且强化监督力度，践行总站式管理方针，利用统一管理的方案和制度约束相应行为，确保监测工作都能得到合理化的指导，从而提升监测工作管理的综合水平，维护管理整体效果。

另一方面，在制度落实的过程中要配备相应的奖惩机制，并且要建立全国范围内的监测网络共同配合相关部门落实相应工作，从而维护环境监测工作的信息稳定性和综合质量。

（三）推动全民环保的开展

环保工作的不断开展，不仅可以减轻环境遭受的破坏，也是人类弥补过失、创造良好生活环境的重要手段，可实现社会和经济的可持续发展。社会各界都要重视环保，参与环境保护。环境监测工作不仅可以增强人们的环保意识，还能更好地保护环境。

（四）提升环境评价的科学性

环境监测是环保工作的重要组成部分。环境监测是环境评价的前提，它能获取监测对象最真实的数据，对监测对象进行评价，提升环境评价的科学性，指导环保工作的有效开展。

第三节 环境监测技术的发展与对策

一、环境监测技术存在的问题

（一）环境监测硬件水平偏低

硬件是环境监测技术中最重要的组成部分，对监测效率与质量具有直接影响。我国环境监测硬件水平偏低，阻碍了良好环境监测效果的实现。

首先，用于环境监测的仪器单一、落后，技术含量不达标，难以满足多种环境污染因子的监测需求。其次，部分环境监测的实验室环境条件较差，环境监测的灵敏度低，整体条件落后。最后，环境监测自动在线监测设备存在缺陷，其层次偏低，不利于促使环境监测工作向技术密集型方向转化。

（二）环境监测系统网络存在不足

目前看来，我国环境监测系统网络可能存在一些缺陷，虽然有关部门越来越重视生态和环境保护的重要性，环境保护部门更是将环境监测系统网络的其他工作作为关键的规划和建设对象放在了一个重要的位置，但是自然环境跟踪和监测网络的工作并非一朝一夕就能完成，也无法在短时间内完成。只有进一步加强环境监测系统和网络的建设，我们才能提高自然环境实时监测的质量水平。

（三）环境监测人员能力有待提高

现阶段环境监测人员能力不高，对环境监测知识未进行深入了解。随着新监测技术的不断出现，环境监测工作对环境监测人员技术水平的要求日益提升，但是其实际的技术水平却难以达到要求。同时，我国对环境监测人员的技术培训工作未落实，导致其技术水平不达标，不利于环境监测技术作用的充分发挥。

（四）环境监测水平相对较低

长期以来，我国一直忽略对空气污染的持续监测。在一定程度上，我国空气监测系统的行业知识和专业技能有其自身的缺陷，并且环境监测设备正在缓慢老化。在自然环境监测的现场，存在很多随机选择性和其他不可控的因素，这是对环境进行实时监测之后的结果。例如，从工业生产中收集污染物气体时，可能无法最终确定采样时间或特定内容的采样时间和位置，只能随机分配采集时间。因此，监测数据也是随机的，不能完全反映环境空气的变化情况，这种情况很容易导致环境空气动态监测数据的整体不准确或不完整，使得环境空气的整体质量难以得到连续监测。

（五）　环境监测技术体制不健全

虽然我国在环境监测方面有所进步，但是完善的监测技术体制仍然没有建立起来，难以确保监测技术运用的有效性和合理性。同时，在实际使用中，因为缺乏相关的机制，所以出现了无章可循的现象，这不仅阻碍了技术作用的发挥，而且阻碍了相关设备功能的实现，导致监测设备的闲置率居高不下，造成了资源浪费，同时也难以确保环境监测结果的准确性、及时性。

（六）　监测结果难以反映环境质量

在进行环境监测时，由于技术中存在的缺陷降低了监测结果的准确性，因而监测结果难以全面反映环境质量。之所以出现这一现状，其原因主要有以下几方面。

其一，在分析环境监测结果的过程中缺乏创新。现阶段大部分监测部门主要以单因子分析方式为主，通常先对所监测的数据和控制标准进行处理与分析，再在此基础上借助对比形式对其监测结果准确性进行判定，其总体分析程度远远不够，未对监测数据潜在的价值进行深入挖掘，因此环境监测结果对环境质量的反映还不够全面和准确。

其二，在环境监测指标方面缺乏目的性和针对性。这主要是因为不同地区、不同区域其地理环境、气候条件等也不同，其所要求的监测条件会有所差异，但在实际监测时对这方面的考虑不到位。

其三，监测频次与环境监测质量是息息相关的。但是，在现阶段的环境监测工作中存在监测频次不合理的现象，其主要是因为在资金技术设备等方面存在不足，导致监测频次偏低，不仅无法多角度、全方位地将环境实际状况反映出来，而且也难以为环境决策提供有力支持。

二、环境监测技术问题的解决对策

（一）　提高监测管理技术

为了提升环境监测的有效性，确保监测数据真实有效反映环境质量，需要以完善的监测机制为支撑。因此，在实际环境监测的过程中，应该结合现阶段环境监测中存在的问题，对监测机制不足之处进行改善，并注重管理技术的提高，以便实现预期监测效果。例如，对相关设备进行管理，以免因设备故障而影响监测结果。若发现设备存在异常运行状况，需要及时进行检修和维护，确保其正常运转，以免因设备问题导致监测数据不准确，造成环境监测技术问题，或者引发不必要的事故。

另外，环境监测工程具有复杂性、技术性特点，对监测环境要求比较高，所以在进行监测时，应该结合地区实际情况确定合理的监测位置，进而提升监测数据的真实性，确保监测效率与质量，为环境分析工作的开展提供可靠依据，确保监测数据准确。为了确保监测结果的真实可靠，还要对地区环境条件问题进行考虑，在监测环境工作中需要依据不同地区的差异，做出相应的调整，以便提高监测数据的准确性。

此外，因为监测频次与监测结果的科学性也有较大关系，因此在技术管理方面，需要加大科技投入，提升监测技术含量，并适当地增加监测频次，同时也应注重相应设备的更新，为环境监测提供良好的条件，进而准确及时地反映环境质量。

（二）加强实验室质量控制

质量控制可分为内部质量控制和外部质量控制。内部和外部质量控制是环境实时监控的组成部分，与实时监控的最终结果、样品检测的综合分析以及后续综合数据的处理有关。对于监控系统的相关工作人员，他们必须掌握专业的理论和技术。不相关的专业人员不得进行后续监控，以确保动态监控的工作质量，并确保测试数据的真实有效。

实验室管理软件系统可以大大改善环境监测系统的日常管理缺陷，改善环境质量。跟踪监控管理模式的速度和效率也提高了跟踪监控管理模式在环境中的水平。实验中心管理工作系统能够发现连续监测中存在的各种困难，使其得到及时、有效的解决。因此，日常管理制度的完善对小环境整体质量的持续监控和管理具有积极而明显的作用。

（三）完善环境监测基础设施

环境监测技术的有效实施需要以完善的基础设施为支撑。因此，要想充分发挥环境监测技术的作用，实现预期的监测效果，就必须加大对相关基础设施资金的投入力度，提高硬件水平，为环境监测工作的有效进行提供有利条件。

第一，需要认识到先进、功能多样化监测设备运用的重要性，并在此基础上加大经费的投入。一方面可以直接购买先进的监测设备；另一方面可以通过与研究院所合作进行相关设备的研发，不断提升其自动化水平，促使我国环境监测技术与时俱进，并从根本上提升环境监测质量，从而保质保量地开展环境治理工作。

第二，在科技环境背景下，还需要注重环境监测系统的建设和优化，提升环境监测的精准性。

（四）加强专业人才队伍建设

为了进行有效的监测，需要注重对专业人才队伍的建设，以充分发挥人才优势。

第一，结合我国环境监测实际情况，建立监测人才准入机制，对监测技术操作人才进行严格的选拔，确保其专业水平达标。

第二，做好相关的培训工作，丰富其专业知识，提升其技术水平；培养其综合素质，增强其责任心，以便在整体上提升监测效果。

第三，对于高端人才，应该实施有效的激励机制，进而吸引人才、留住人才，为监测技术添砖加瓦。

（五）健全环境监测技术的标准和机制

为了促使环境监测工作高效开展，需要以完善的环境监测技术标准和机制为支撑，给监测工作的进行提供依据，进而提高监测质量，为环境治理工作的开展奠定基础。在制定环境技术标准与方法的过程中，可以积极借鉴西方国家的丰富经验和先进技术，确保其具有科学性和可操作性。在实际监测过程中，相关机制不可流于形式。同时，在实际中，还需要结合我国环境的实际情况，及时对所制定的标准进行调整和优化，以便确保环境监测技术的可实施性。此外，环境部门还需要对环境监测技术机制和标准给予高度重视，不断对其进行完善，使其能够逐渐与世界标准同步。为了达到这一目标，需要加强对该机制的创新，同时在具体工作中严格执行该机制，进而可促使我国环境监测质量得到提升，这对环境问题的解决也具有促进作用。

三、环境监测技术的发展趋势

（一）多元化和综合化的发展

环境监测涉及多个领域和指标，未来的发展趋势是将不同的监测技术进行多元化和综合化的应用。不同环境要素和污染物的监测需要采用多种监测手段的组合，以获取更全面、准确的数据。同时，环境监测将与其他领域的技术相结合，如物联网、云计算、人工智能等，实现环境监测系统的智能化和自动化。

（二）实时性和移动性的提升

随着传感器技术和无线通信技术的不断进步，环境监测技术将更加注重实时性和移动性的发展。传感器节点可以实时监测环境参数，并通过无线通信传输数据，实现对环境变化的实时监测和响应。此外，移动监测平台的发展也将使环境监测能够灵活地应用于不同区域和场景，满足不同监测需求。

（三）数据处理和分析能力的提升

随着大数据和人工智能技术的发展，环境监测将更加注重对海量数据的处理和分析能力的提升。传统的环境监测往往面临数据量庞大、复杂性高等挑战，而大数据分析和人工智能技术可以帮助挖掘数据中的隐藏模式和规律，提高数据利用效率和监测结果的准确性。

（四）智能决策支持的发展

未来环境监测技术将更加注重提供智能化的决策支持。基于大数据和人工智能技术，可以建立环境监测预警系统、风险评估模型等，为环境管理者和决策者提供科学的决策依据和预测能力，实现精细化的环境管理和控制。智能决策支持系统可以通过实时监测数据、模型预测和风险评估，提供可视化的结果和建议，帮助决策者制定和实施环境保护政策。

（五）　共享和开放的发展趋势

环境监测数据的共享和开放是环境监测技术发展的重要趋势。随着信息化技术的发展和数据开放政策的推动，越来越多的环境监测数据被公开和共享。这种数据的共享和开放促进了科学研究的进展，加速了环境问题的解决。共享的数据可以用于跨地区、跨领域的研究，为环境保护决策提供更全面的依据。此外，共享的数据还可以促进公众参与和环境治理的透明度，增强社会的环境意识和责任感。

（六）　环境监测技术与可持续发展的融合

未来环境监测技术的发展将与可持续发展目标密切相关。环境监测技术不仅关注环境污染监测，还将关注资源的可持续利用、生态保护等方面的监测。例如，对可再生能源的监测和评估，对生态系统的监测和保护等，都将成为未来环境监测技术的重要发展方向。

（七）　精细化和个性化的监测

未来环境监测技术将趋向精细化和个性化。传统的大范围均匀监测将逐渐向特定区域、特定目标的监测转变。通过精细化监测，可以更准确地了解特定区域的环境状况，为精细化的环境管理和控制提供支持。同时，个性化监测也将逐渐普及，通过个人设备和移动应用，公众可以获取个人周围环境的实时数据，增强环保意识和参与度。

第二章
水体污染的危害与治理

　　资源短缺和环境恶化是当今世界人类社会面临的最紧迫的问题，而水资源以及水环境是受影响最大的。人类以及其他动植物都离不开水，另外工农业生产、社会发展以及生态环境也需要一定的水资源。但是，水资源在自然界中是有限的，随着全球人口增多和社会经济的飞速发展，用水量也随之增加。不仅如此，大量的废水、污水排放对于环境资源、社会经济也产生了很大的负面影响。不合理利用水资源让生态环境逐渐恶化，严重影响着人类的生存与发展。所以如今需要重视水资源的合理开发和利用，用科学的形式治理污水，加强对水资源的管理与保护。

水污染的成因与传播途径

一、水体污染

水体是指以相对稳定的、以陆地为边界的水域，包括水中的悬浮物、溶解物质、底泥、水生生物等完整单元的生态系统或完整的综合自然体。水体遭受污染后危害很大。

（一）水污染定义

水污染就是污染物质进入水体造成水体质量和水生态系统退化的过程或现象。我国于 2008 年修订通过的《中华人民共和国水污染防治法》中为水污染下了明确的定义：水污染，是指水体因某种物质的介入，而导致其化学、物理、生物或者放射性等方面特性的改变，从而影响水的有效利用，危害人体健康或者破坏生态环境，造成水质恶化的现象。因此水污染的实质，就是输入水体的污染物在数量上超过了该物质在水体中的本底含量和自净能力，从而导致水体的性状发生不良变化，破坏水体固有的生态系统，影响水体的使用功能。

（二）废水的类别

废水从不同角度有不同的分类方法。据不同来源，有未经处理而排放的生活废水和工业废水两大类；据污染物的化学类别不同，有无机废水与有机废水；按工业部门或产生废水的生产工艺不同，有焦化废水、冶金废水、制药废水、食品废水、矿山污水等。

（三）水体污染的特征

地面水体和地下水体由于储存、分布条件和环境上的差异，表现出不同的污染特征。通常，地面水体污染可视性强，易于发现；其循环周期短，易于净化和水质恢复。而地下水的污染特征是由地下水的储存特征决定的。

地下水储存于地表以下一定深度处，上部有一定厚度的包气带土层作为天然屏障，地面污染物在进入地下水含水层之前，必须首先经过包气带土层。地下水直接储存于多孔介质之中，并进行缓慢的运移。由于上述特点使得地下水污染有如下特征，如图 2-1 所示。

（1）污染物在含水层上部的包气带土壤中经各种物理、化学及生物作用，会延缓潜水含水层的污染。

（2）地下水流速缓慢，靠天然地下径流将污染物带走需要相当长的时间；即使切断污染来源，靠含水层本身的自然净化也需要数十年甚至上百年。

（3）地下水污染发生在地表以下的孔隙介质中，有时已遭到相当程度的污染，仍表现为无色、无味；其对人体的影响一般也是慢性的。

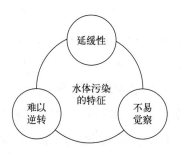

图 2-1　地下水污染的特征

（四）水体污染带来的损失

水体污染造成的损失包括：

（1）优质水源更加短缺，供需矛盾日益紧张。

（2）水体污染造成人们死亡率及疾病增加，如中毒、患上癌症、免疫力下降等。

（3）对渔业造成损害，迫使渔业资源减少甚至物种灭亡。

（4）污废水浇灌农田或储存于池塘、低洼地带造成土壤污染，严重影响地下水。

（5）破坏环境卫生、影响旅游，加速生态环境的退化和破坏。

（6）加大供水和净水设施的负荷及营运费用，使水处理成本加大。

（7）工业用水水质下降，导致产品质量下降，降低经济效益。

二、水污染的成因和污染途径

（一）水污染的成因

水体污染原因可分为自然污染和人为污染。

自然污染主要在自然条件下，由于生物、地质、水文等原因，使得原本储存于其他生态系统中的污染物进入水体，例如森林枯落物分解产生的养分和有机物、由暴雨冲刷造成的泥沙输入、富含某种污染物的岩石风化、火山喷发的熔岩和火山灰带来的可溶性矿物质、温泉造成的温度变化等。如果自然产生过程是短期的、间歇性的，过后水体会逐渐恢复原来的状态。如果是长期的，生态系统会变化而适应这种状态，例如黄河长期被泥土污染，水变成黄色，不耐污的鱼类会消失，而耐污的鱼类（如鲤鱼）会逐渐适应这种环境。可见，以水为主体来看，任何导致水体质量改变（退化）的物质，都可称为污染物，这些过程都可称为水污染过程。

人为污染是由于人类活动把一些本来不该掺进天然水中的，进入水体后，使水的化学、物理、生物或者放射性等方面的特性变化，导致有害于人体健康或一些动植物的生长，诸如城镇生活污水、工业废水和废渣、农用有机肥和农药等，这类有害物质进入水中的现象，就是人为污染。

（二）水污染的途径

地表水体的污染途径相对比较简单，主要为连续注入式或间歇注入式。工矿企业、城镇生活的污废水、固体废弃物直接倾注于地面水体，造成地表水体的污染属于连续注入式污染；农田排水、固体废弃物存放地降水淋滤液对地表水体的污染，一般属于间歇式污染。

相对于地表水体的污染途径而言，地下水体的污染途径要复杂得多，下面着重对其进行讨论。

1. 污染方式

地下水的污染方式与地表水的污染方式类似，有直接污染和间接污染两种形式，它们的特点如图 2-2 所示。

直接污染的特点

地下水的污染组分直接来源于污染源。污染组分在迁移过程中，其化学性质没有任何改变。由于地下水污染组分与污染源组分的一致性，因此较易查明其污染来源及污染途径。

间接污染的特点

地下水的污染组分在污染源中的含量并不高，或该污染组分在污染源里根本不存在，它是污水或固体废物淋滤液在地下迁移过程中经复杂的物理、化学及生物反应后的产物。

图 2-2　地下水直接污染和间接污染两种形式的特点

直接污染是地下水污染的主要方式，在地表或地下以任何方式排放污染物时，均可发生此种方式的污染。间接污染通常被称为“二次污染”，其过程是相当复杂的，“二次”一词并不够科学。

2. 污染途径

地下水污染途径是复杂多样的，如污水渠道和污水坑的渗漏、固体废物堆的淋滤、化学液体的溢出、农业活动的污染、采矿活动的污染，等等，可见相当繁杂。这里按照水力学上的特点将地下水污染途径大致分为四类，如表 2-1 所示。

表 2-1　地下水污染途径分类

类型		污染途径	污染来源	被污染含水层
Ⅰ. 间歇入渗型	1	降水对固体废物的淋滤	工业和生活的固体废物	潜水
	2	矿区疏干地带的淋滤和溶解	疏干地带的易溶矿物	潜水
	3	灌溉水及降水对农田的淋滤	农田表层土壤残留农药、化肥及易溶盐类	潜水
Ⅱ. 连续入渗型	1	渠、坑等污水的渗漏	各种污水	潜水
	2	受污染地表水的渗漏	受污染的地表水	潜水
	3	地下排污管道的渗漏	各种污水	潜水
Ⅲ. 越流型	1	地下水开采引起的层间越流	受污染的含水层或天然咸水等	潜水或承压水
	2	水文地质天窗的越流	受污染的含水层或天然咸水等	潜水或承压水
	3	经井管的越流	受污染的含水层或天然咸水等	潜水或承压水
Ⅳ. 注入径流型	1	通过岩溶发育通道的注入	各种污水或被污染的地表水	主要是潜水
	2	通过废水处理井的注入	各种污水	潜水或承压水
	3	盐水入侵	海水或地下咸水	潜水或承压水

可以看出，无论以何种方式或途径污染地下水，潜水是最易被污染的地下水体。这与潜水的埋藏条件是分不开的。因此，潜水环境保护与污染防治也是

非常重要的。

三、污染源分析

（一）污染源的类别

对于人为污染源，又可以分为工业、农业、生活和大气沉降 4 个不同污染源类型。

1. 工业污染源

工业污染源是指工业生产中的一些环节（如原料生产、加工过程、燃烧过程、加热和冷却过程、成品整理过程等）使用的生产设备或生产场所产生污染物而成污染源。

工业污染源是造成水污染的最主要来源。工业污染源排放的各类重金属（铬、镉、镍、铜等）、各种难降解的有机物、硫化氢、氮氧化物、氰化物等污染物在人类生活环境中循环、富集，对人体健康构成长期威胁。

工业污染源量大、面广，含污染物多，成分复杂，在水中不易净化，处理也比较困难。不经处理的水具有下列特性：

（1）悬浮物质含量高，最高可达 3000mg/L。

（2）需氧量高，有机物一般难以降解，对微生物起毒害作用，COD 一般为 $400\sim10000$mg/L，BOD 为 $200\sim5000$mg/L。

（3）pH 变化幅度大，pH 为 $2\sim13$。

（4）温度较高，排入水体可引起热污染。

（5）易燃，常含有低燃点的挥发性液体，如苯、酒精等。

（6）含有多种多样的有害成分，如硫化物、Hg、Cd、Cr、As 等。

自 20 世纪 90 年代以来，我国用于水污染治理的投资额及投资比重基本上与 GDP 同步增长，重点工业污染源排放的污染物基本得到控制；工业废水排放量、污染物排放量及其污染度都呈下降态势。

2. 农业污染源

农业生产过程会产生各类污染物，包括牲畜粪便、农药、化肥等。不合理施用化肥和农药会破坏土壤结构和自然生态系统，特别是破坏土壤生态系统。降水所形成的径流和渗流把土壤中的氮和磷、农药以及牧场、养殖场、农副产品加工厂的有机废物带入水体，使水体水质恶化，有时造成河流、水库、湖泊等水体的富营养化。大量氮化合物进入水体则导致饮用水中硝酸盐含量增加，危及人体健康。

3. 生活污染源

城市生活排放各种洗涤剂、污水、垃圾、粪便等而成污染源。其特征是水质比较稳定，含有机物和氮、磷等营养物较高，一般不含有毒物质。由于生活污水极适于各种微生物的繁殖，因此含有大量的细菌（包括病原菌）、病毒，也常含有寄生虫卵。

城市和人口密集的居住区是人类污染源消费活动集中地，是主要的生活污染源。生活污水的水质成分呈较规律的日变化，其水量则呈较规律的季节变化。不经处理的生活污水一般具有以下性质：

（1）悬浮物质较低，一般为 200～500mg/L。

（2）资料表明，每人每日所排悬浮固体为 30～50g。

（3）属于低浓度有机废水，一般 BOD 为 210～600mg/L。

（4）资料表明，呈弱碱性，一般 pH 为 7.2～7.6。

（5）含 N、P 等营养物质较多。

（6）含有多种微生物，包括病原菌。

生活污水进入水体，恶化水质，并传播疾病。与工业废水排放逐年降低相反，我国生活污水排放量呈逐年上升趋势。水污染结构已开始发生根本性变化。

4. 大气沉降污染源

大气环流中的各种污染物质（如汽车尾气、酸雨烟尘等）通过干沉降与湿沉降转移到地面，也是水体污染的来源。由于农田施肥不合理，养殖场畜禽粪便管理不善，燃煤、汽车尾气排放等增加使得大气沉降产生的污染物已对水环境产生了不容忽视的影响。

（二）点污染源与非点污染源

按污染源的发生和分布特征，又把水污染过程分为点源污染和非点源污染。

1. 点源污染

点源污染是指以有集中而明显的点状污染物排放口而发生的水污染过程。例如工业污染源和生活污染源产生的工业废水和城市生活污水，经城市污水处理厂或经管渠通常在固定的排污口集中排放。

点源污染的基本特征如下：

（1）排污口明显，集中排放。根据《入河排污口监督管理办法》，所谓排污口，包括直接或者通过沟、渠、管道等设施向江河、湖泊排放污水的排污口。排污口的设置应遵循一整套报批程序。

（2）污染物浓度高，成分复杂。点源污染的排放包括经污水处理厂处理的工业废水和城市生活污水（未经处理的污水不允许直接排放）的集中排放，因此，排除的污水不仅浓度较高，而且成分多种多样，并可能存在较大的季节性变化。

（3）污染物浓度空间变化十分明显。在排污口附近，形成一个明显的浓度逐渐降低混合污染带（区）。混合污染带（区）的形态、大小完全取决于受纳水体的水文条件。

（4）污染物浓度时间变化与工业废水和生活污水的排放规律有关。总体而言，工业生产的和城市生活的稳定性带来了点源污染排放的稳定性，它比非点源污染受气候和环境条件的影响要小得多；点源污染的变化主要体现在由排污口的设置所造成的空间变化。

（5）相对容易监测和管理。

2. 非点源（面源）污染

随着点源污染的逐步控制，非点源污染已成为许多国家和地区引起水环境质量恶化的重要甚至主要原因。据统计，全球非点源污染约占总污染量的2/3，其中农业非点源污染占非点源污染总量的68%～83%。我国第一次污染源普查结果显示，农业非点源的化学需氧量、总氮排放量和总磷排放量分别占全国排放总量的43.7%、57.2%和67.4%。

非点源污染则是指溶解的和固体的污染物从非特定的地点，在降水（或融雪）冲刷作用下，通过地表径流、土壤侵蚀、农田排水、地下淋溶、大气沉降等过程，以面或线的形式汇入受纳水体的污染过程。

与点源污染相比，非点源污染起源于分散的、多样的地区，地理边界和发生位置难以准确界定，随机性强、形成机理复杂、涉及范围广、控制难度大。其主要具有以下特点。

（1）发生的随机性和不确定性。这是由于径流和排水是非点源污染的主要驱动力，而它们的发生因降水条件和径流形成条件而具有很大随机性和不确定性。

（2）强烈的时空变异性。这是由于非点源污染过程还在很大程度上受到土地利用方式、农作制度、作物种类、土壤类型和性质、区域地质地貌等人类活动和自然条件的强烈影响，而这些条件有些在空间上差异巨大，有些则在时间上变化强烈。

（3）污染源的广泛性和多元复合特性。人类活动的多样性导致进入环境的化学物质逐年增多。而且不同来源的污染物会一起随着径流进入水体，例如种植、养殖、生活等各类人类活动产生的氮磷污染物，很难追溯污染的源头，给污染控制造成很大的困难。

（4）污染物迁移过程的高度非线性和滞后特性。

非点源污染物进入水体并不是一个定常的线性关系，原因如下：径流和排水本身的变化无常；地形地貌和土壤表面的多样性；污染物质与地表物质（土壤、生物等）的复杂作用。

非点源污染只有在径流和排水的驱动下，才会将地表长期积累的化学物质带入水体，在时间上具有滞后性。

上述都给非点源污染的定量研究带来极大的困难。

（5）污染和净化过程难以区分和鉴别。

（三）污染源的调查

为准确地掌握污染源排放的废水、污水量及其中所含污染物的特性，找出其时空变化规律，需要对污染源进行调查。污染源调查可以采用调查表格普查、现场调查、经验估算和物料衡算等方法。污染源调查的内容包括：污染源所在地周围环境状况，单位生产、生活活动与污染源排污量的关系，污染治理情况，废水、污水量及其所含污染物量，排放方式与去向，纳污水体的水文水质状况及其功能，污染危害及今后发展趋势等。

水污染的危害与有效防治措施

一、水污染的危害

我国有关专家多项研究结果显示，我国水污染造成的经济损失占 GDP 的比率在 1.46%～2.84%之间。水污染危害主要体现在以下方面。

（一）降低饮水安全性，危害人类健康

长期饮水水质不良，必然会导致体质不佳、抵抗力减弱，引发疾病。伤寒、霍乱、胃肠炎、痢疾等人类疾病，均由水的不洁引起。当水中含有有害物质时，对人体的危害就更大。

饮用水的安全性与人体健康直接相关。安全饮用水的供给是以水质良好的水源为前提的。但是，我国近 90%的城镇饮用水源已受到城市污水、工业废水和农业排水的威胁。水源受到的污染使原有的水处理工艺受到前所未有的挑战，有的已不可能生产出安全的饮用水，甚至不能满足冷却水及工艺用水的水质要求。

水污染后，通过饮水或食物链，污染物进入人体，使人急性或慢性中毒。水环境污染对人体健康的危害最为严重，特别是水中的重金属、有害有毒有机污染物及致病菌和病毒等。

重金属毒性强，对人体危害大，是当前人们最关注的问题之一。重金属对人体危害的特点如下：

（1）饮用水含微量重金属，即可对人体产生毒性效应。一般重金属产生毒性的浓度范围是 1～10mg/L，毒性强的汞、镉产生毒性的浓度为 0.01～0.1mg/L。

（2）重金属多数是通过食物链对人体健康造成威胁。

（3）重金属进入人体后不容易排泄，往往造成慢性累积性中毒。

日本的"水俣病"是典型的甲基汞中毒引起的公害病，是通过鱼、贝类等

食物摄入人体引起的；日本的"骨痛病"则是由于镉中毒，引起肾功能失调，骨质中钙被镉取代，使骨骼软化，极易骨折。砷与铬毒性相近，砷更强些，三氧化二砷（砒霜）毒性最大，是剧毒物质。

（二）影响工农业生产，降低主要效益

有些工业部门，如电子工业对水质要求高，水中有杂质，会使产品质量受到影响。食品工业用水要求更为严格，水质不合格，会使生产停顿。某些化学反应也会因水中的杂质而发生，使产品质量受到影响。废水中的某些有害物质还会腐蚀工厂的设备和设施，甚至使生产不能进行下去。

农业使用污水，使作物减产，品质降低，甚至使人畜受害，大片农田遭受污染，降低土壤质量。如锌的质量浓度达到 $0.1\sim1.0mg/L$ 即会对作物产生危害，$5mg/L$ 使作物致毒，$3mg/L$ 对柑橘有害。

水质污染后，工业用水必须投入更多的处理费用，造成资源、能源的浪费。

（三）影响农产品和渔业产品质量安全

目前，我国污水灌溉的面积比 20 世纪 80 年代增加了 1.6 倍，由于大量未经充分处理的污水被用于灌溉，已经使 1000 多万亩农田受到重金属和合成有机物的污染。长期的污水灌溉使病原体、"三致"物质通过粮食、蔬菜和水果等食物链迁移到人体内，造成污水灌溉区人群寄生虫、肠道疾病发病率、肿瘤发病率等大幅度提高。

有机污染物分耗氧有机物和难降解有机物。耗氧有机物在水体中发生生物化学分解作用，消耗水中的氧，从而破坏水生态系统，对鱼类影响较大。在正常情况下，20℃水中溶解氧量（DO）为 $9.77mg/L$，当 DO 值大于 $7.5mg/L$ 时，水质清洁；当 DO 值小于 $2mg/L$ 时，水质发臭。渔业水域要求在 24h 中有 16h 以上 DO 值不低于 $5mg/L$，其余时间不得低于 $3mg/L$。

（四）造成水富营养化，危害水体生态

生活污水含有大量氮、磷、钾，一经排放，大量有机物在水中降解放出营养元素，引起水体的富营养化，藻类过量繁殖。在阳光和水温最适宜的季节，

藻类的数量可达 100 万个/L 以上,水面出现一片片"水花",称为"赤潮"。水面在光合作用下溶解氧达到过饱和,而底层则因光合作用受阻,藻类和底生植物大量死亡,它们在厌氧条件下腐败、分解,又将营养素重新释放进水中,再供给藻类,周而复始,因此水体一旦出现富营养化就很难消除。水生生态系统结构、功能失调,水体使用功能受到很大影响,甚至使湖泊、水库退化、沼泽化。

富营养化水体对鱼类生长极为不利,过饱和的溶解氧会产生阻碍血液流通的生理疾病,使鱼类死亡;缺氧也会使鱼类死亡。而藻类太多堵塞鱼鳃,影响鱼类呼吸,也能致死。

含氮化合物的氧化分解会产生硝酸盐,硝酸盐本身无毒,但硝酸盐在人们体内可被还原为亚硝酸盐。研究认为,亚硝酸盐可以与仲胺作用形成亚硝胺,这是一种强致癌物质。因此,有些国家的饮用水标准对亚硝酸盐含量提出了严格要求。

(五)水资源短缺危机,破坏可持续发展

对于一些本来就贫水的国家而言,水污染导致的问题更加严重。水污染使水体功能降低,甚至丧失,更加加重贫水地区缺水的程度,还使一些水资源丰富的地区和城市面临着大面积水质不合格而严重影响使用,形成了所谓的污染型缺水,可持续发展无从谈起。

二、水污染的主要防治措施

(一)加强全国公民的环境保护意识

保护环境需要每一个人共同的努力,增强居民的环保意识是一件积极而有意义的事情,为此,可以加大环保的宣传力度。只有人们增强了环保意识,才能对自己的行为更加负责,破坏环境的水污染行为也会减少一部分。

(二)强化对饮用水源取水口的保护

饮用水源直接关乎人们的身体健康和生活质量,有关部门要划定水源区,在区内设置告示牌并加强取水口的绿化工作。另外,还要组织一部分人员定期

进行检查，保证取水口水质。

（三）迅速加大污水废水的治理力度

污水处理厂的数量与污水的排放量要保证一定的比例才能更好地实现污水处理。而目前城市人口不断增加，居民生活水平稳步提高，城市的废水排放量也随之不断地增加，在这种情况下，要建设更多的污水处理厂来帮助改善城市水环境状况。否则随着污水量的增加，会导致处理不及时，引发更多不良后果。

（四）尽量减少创建全国填埋场数量

填埋场占地面积大，无形中造成土地资源的一种浪费，所以创建的数量不宜过多。可少量创建填埋场，让废水废气都能够经过处理，再排放至河流。这种做法也能起到一定的作用。

（五）改善水资源实现废水资源化利用

可以预见在未来的时间里，工业的废水排放量还会继续增加，为了改善目前水污染状况，要从各个环节做起，用的时候更加合理，末端治理更加积极，同时还可以对废水进行再利用。

（六）加强对清洁生产方面的有效利用

实施化工清洁生产是十分复杂的综合过程，且因各化工生产过程的特点各不相同，故没有一个万能的方案可沿袭。但根据清洁生产的原理以及近年来应用清洁生产技术的实践经验，可以归纳如下一些实现化工清洁生产的途径。

1. 强化企业内部清洁生产管理

在实施过程中，对化工生产过程、原料储存、设备维修和废物处置等各个环节都可以强化企业内部清洁生产管理。

（1）物料装卸、储存与库存管理

对原料、中间体和产品及废物的储存和转运设施进行检查的过程需要注意以下内容：对使用各种运输工具的操作工人进行培训，使他们了解器械的操作方式、生产能力和性能；在每排储料桶之间留有适当、清晰空间，以便直观检查其腐蚀和泄漏情况；除转移物料时，应保持容器处于密闭状态；保证储料区的适当照明。

实施库存管理，适当控制原材料、中间产品、成品以及相关的废物流，被工业部门看成是重要的废物削减技术，在很多情况下，废物就是过期的、不合规的、玷污了的或不需要的原料，泄漏残渣或损坏的制成品。这些废料的处置费用不仅包括实际处置费，而且包括原料或产品损失，这可能给公司造成很大的经济负担。

控制库存的方法可以从简单改变订货程序到实施及时制造技术，这些技术的大部分都为企业所熟悉，但是，人们尚未认为它们是非常有用的废物削减技术。许多公司通过压缩现行的库存控制计划，帮助削减废物的生产量。

在许多生产装置中，一个普遍忽视或没有适当注意的地方是物料控制，包括原料、产品和工艺废物的储存及其在工艺和装置附近的输送。适当的物料控制程序将保证进入生产工艺中的原料不会泄漏或受到玷污，以保证原料在生产过程中有效使用，防止残次品及废物的产生。

（2）改进操作方式，合理安排操作次序

这种办法可能需要调整生产操作次序和计划，也会影响到原料、成品库存和装运。

（3）实现资源和能源充分、综合利用

我国一般工业生产中原料费用约占产品成本的 70%，生产过程中对资源的浪费比较大。对原料和能源的充分综合利用，可以显著降低产品的生产成本，同时可以减少污染物的排放，降低"三废"处理的成本。

（4）其他

组织物料和能源循环使用系统。

2. 工艺技术改革

（1）生产工艺改革

以乙烯生产为例。从发展方面来看，乙烯生产装置趋向于大型化，某些技术落后的小型石油化工装置必须进行改造，才能降低单位乙烯产品的污染物排放量。不同规模和原料乙烯装置的废液排放数据比较，如表 2-2 所示。

表 2-2　不同规模和原料乙烯装置的废液排放数据比较

生产规模/ (10^4 t/a)	裂解炉 类型	原料	工艺废水/ (t/t)	废碱液/ (t/t)	其他废水/ (t/t)
30	管式炉	轻柴油	0.23～0.28	0.01～0.02	含硫废水 0.1～0.15
11.5	管式炉	轻柴油	3.48	0.173	—
7.2	砂子炉	原油闪蒸油	2.22	0.11	排砂废水 22.4
0.6	蓄热炉	重油	4.0	1.5～2.5	—

（2）工艺设备改进

采用高效设备，提高生产能力，减少设备的泄漏率。

（3）工艺控制过程的优化

大多数工艺设备都是使用最佳工艺参数（如温度、压力和加料量）设计的，以取得最高的操作效率。此外，采用自动控制系统监测调节工作操作参数，维持最佳反应条件，加强工艺控制，可增加生产量，减少废物和副产物的产生。

3. 废物的厂内再生利用技术

废物的厂内再生利用技术包括废物重复利用和再生回收。我国有机化工原料行业在废物再生利用与回收方面，开发推广了许多技术。例如，利用蒸馏、结晶、萃取、吸附等方法从蒸馏残液、母液中回收有价值原材料，从含铂、钯、银等废催化剂中回收贵金属等。

三、水污染控制的标准体系

下面从三个方面解析水污染控制标准体系的内容，其中包含《水资源保护法》、《水污染防治法》以及环境标准。

（一）《水资源保护法》

1. 水资源保护法的主要内容

（1）水资源权属制度

水资源属于国家所有。水资源的所有权由国务院代表国家行使。农村集体经济组织的水塘和由农村集体经济组织修建管理的水库中的水，归该农村集体经济组织使用。

《水资源保护法》在规定水资源所有权的基础上，规定了取水权，明确了有偿使用制度。取水是利用水工程或者机械取水设施直接从江河湖泊或者地下取水用水。取水权分为两种。第一种是法定取水权，即少量取水包括为家庭生活畜禽饮用取水；为农业灌溉少量取水；用人工、畜力或者其他方法少量取水，农村集体经济组织使用本集体的水塘和水库中的水，不需要申请取水许可。第二种是许可取水权，除法定取水以外的其他一切取水行为，均须经过许可才能取水。取水单位和个人应缴纳水资源费，依法取得取水权。依法取得的取水权受法律保护。

（2）水资源管理的原则

考虑到水资源的特点，《水资源保护法》规定，开发、利用、节约、保护水资源和防治水害应当遵循"全面规划、统筹兼顾、标本兼治、综合利用、讲求效益、发挥水资源的多种功能，协调好生活、生产经营和生态环境用水"的基本原则，如图 2-3 所示。这项原则在《水资源保护法》的具体条款中得到了充分体现。

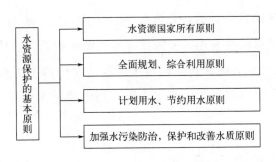

图 2-3　水资源保护的基本原则

（3）水资源的管理体制

《水资源保护法》规定，国家对水资源实行流域管理与行政区域管理相结合的管理体制，如图 2-4 所示，从而确立了流域管理机构的法律地位。国务院水行政主管部门负责全国水资源的统一管理和监督工作。国务院水行政主管部门在国家确定的重要江河、湖泊设立的流域管理机构，在所管辖的范围内行使法律、行政法规规定的和国务院水行政主管部门授予的水资源管理和监督职责。县级以上地方人民政府水行政主管部门按照规定的权限，负责本行政区域内水资源的统一管理和监督工作。

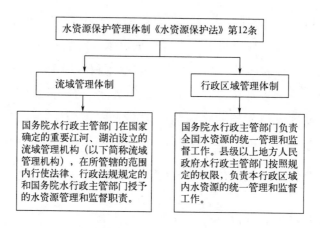

图 2-4　水资源保护管理体制

此外，国务院有关部门按照职责分工，负责水资源开发、利用、节约和保护工作。县级以上地方人民政府有关部门按照职责分工，负责本行政区域内水资源开发、利用、节约和保护的有关工作。

2. 水资源保护的主要法律措施

水资源是稀缺的自然资源，是人类生存和自然生态循环不可缺少的因素。为了确保水资源的可持续利用，必须建立水资源保护制度，依法开展水资源的开发利用和保护。《水资源保护法》对水资源的保护做出了明确规定，突出了在保护中开发、在开发中保护的基本特点，其中涉及水资源保护的内容主要，如图 2-5 所示。

（二）《水污染防治法》

1. 水污染防治的监督管理体制

关于水污染防治的监督管理体制，《水污染防治法》第四条规定："县级以上人民政府应当将水环境保护工作纳入国民经济和社会发展规划。县级以上地方人民政府应当采取防治水污染的对策和措施，对本行政区域的水环境质量负责。"第八条规定："县级以上人民政府环境保护主管部门对水污染防治实施统一监督管理。交通主管部门的海事管理机构对船舶污染水域的防治实施监督管理。县级以上人民政府水行政、国土资源、卫生、建设、农业、渔业等部门以及重要江河、湖泊的流域水资源保护机构，在各自的职责范围内，对有关水污

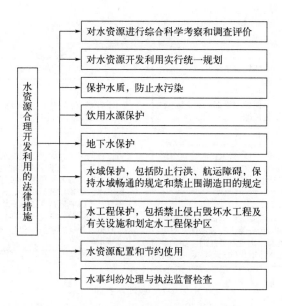

图 2-5　水资源合理开发利用的法律措施

染防治实施监督管理。"概括而言，我国对水污染防治实行的是统一主管、分工负责相结合的监督管理体制，如图 2-6 所示。

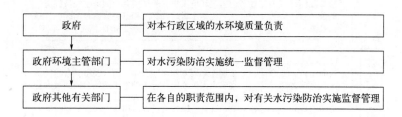

图 2-6　水污染防治的监管体制

2. 水污染防治的标准和规划制度

水环境标准，分为水环境质量标准和水污染物排放标准两类。水环境质量标准，是指为保护人体健康和水的正常使用而对水体中的污染物和其他物质的最高容许浓度所做的规定。水污染物排放标准，是指国家为保护水环境而对人为污染源排放出废水的污染物的浓度或者总量所做的规定。水环境标准分为国家标准和地方标准两级。各类水环境标准的制定和执行，如图 2-7 所示。

防治水污染应当按流域或者按区域进行统一规划。国务院有关部门和县级以上地方人民政府开发、利用和调节、调度水资源时，应当统筹兼顾，维持江

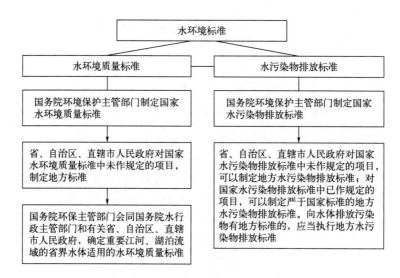

图 2-7　水环境标准

河的合理流量和湖泊、水库以及地下水体的合理水位，维护水体的生态功能。水污染防治规划的具体执行如图 2-8 所示。

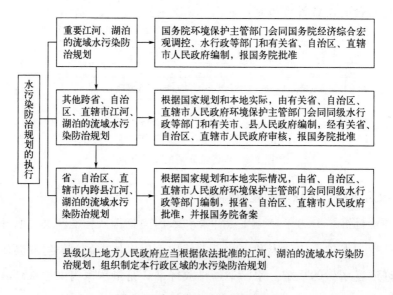

图 2-8　水污染防治规划的执行

3. 水污染防治监督管理的法律制度

《水污染防治法》第三章规定了水污染防治工作的各项具体制度。国家基于环境影响评价制度、"三同时"制度、重点水污染物排放总量控制制度、排污申报登记和许可制度、排污收费制度、水环境质量监测与水污染物排放监测、现场检查等制度，实施水污染防治的监督管理，实行跨行政区域的水污染纠纷协商解决制度。各项制度主要内容如图2-9所示。

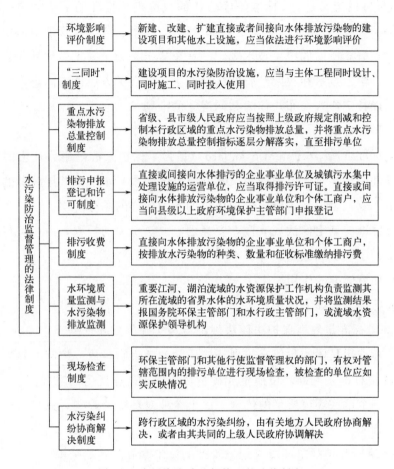

图 2-9　水污染防治监督管理的法律制度

（三）环境标准

环境标准是国家环境保护法律、法规体系的重要组成部分，是开展环境管理工作最基本、最直接、最具体的法律依据，是衡量环境管理工作最简单、最准确的量化标准，也是环境管理的工具之一，是实施环境保护法的工具和技术依据。没有环境标准，环境保护法律法规就难以实施。

1. 环境标准及其作用

（1）标准

国际标准化组织（International Organization for Standardization，简称 ISO）对标准的定义是："标准是经公认的权威机关批准的一项特定标准化工作的成果。"中国对标准的定义是："对经济、技术、科学及管理中需要协调统一的事物和概念所做的统一技术规定。这个规定是为了获得最佳秩序和社会效益，根据科学、技术和实践经验的综合成果，经有关方面协商同意，由主管机关批准，以特定形式发布，作为共同遵守的准则。"

（2）环境标准

环境标准（Environment Standard）是为了保护人群健康、社会财富和促进生态良性循环，对环境中的污染物（或有害因素）水平及其排放源的限量阈值或技术规范；是控制污染、保护环境的各种标准的总称。

环境标准的制定像法规一样，要经国家立法机关的授权，由相关行政机关按照法定程序制定和颁布。

（3）环境标准的作用

环境标准具有如下作用：

① 环境标准是环境保护法律法规制定与实施的重要依据。

环境标准用具体的数值来体现环境质量和污染物排放应控制的界限。

② 环境标准是判断环境质量和衡量环境保护工作优劣的准绳。

评价一个地区环境质量的优劣、一个企业对环境的影响，只有与环境标准比较才有意义。

③ 环境标准是制定环境规划与管理的技术基础及主要依据。

④ 环境标准是提高环境质量的重要手段。

通过实施环境标准可以制止任意排污，促进企业进行治理和管理，采用先进的无污染、低污染工艺，积极开展综合利用，提高资源和能源利用率，使经济和环境得到持续发展。

2. 环境标准体系

环境问题的复杂性、多样性反应在环境标准的复杂性、多样性中。截至 2023 年 11 月 12 日，我国累计发布国家生态环境标准 2873 项，现行 2351 项，标准覆盖各类环境要素和管理领域，控制项目种类和水平达到发达国家的水平，支撑污染防治攻坚战的标准体系基本建成。按照环境标准的性质、功能和内在联系进行分级、分类，构成一个统一的有机整体，称为环境标准体系，如图 2-10 所示。

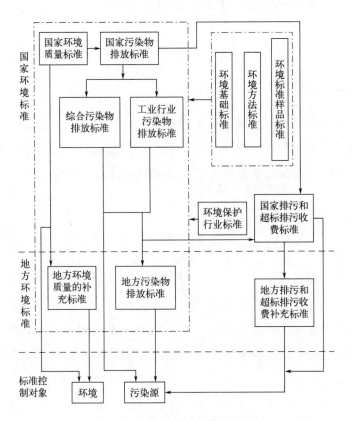

图 2-10　环境标准体系

根据我国的国情，总结多年来环境标准工作经验，参考国外的环境标准体系，我国现行环境标准体系分类按照性质分可分为环境质量标准、污染物排放标准、环境基础标准、环境方法标准等；按照控制因子分可分为水环境质量标准、大气环境标准、固体废物与化学品标准、声学环境标准、土壤环境标准、放射性与电磁辐射标准等。

国家环境标准和行业标准是由国家市场监督管理总局和国务院环保行政主管部门制定，具有全国范围的共性，针对普遍的和具有深远影响的重要事物，具有战略性意义，适用于全国范围内的一般环境问题。地方环境标准适用于本地区的环境状况和经济技术条件，是对国家标准的补充和具体化。

第三节 水污染治理技术实践应用

一、工业废水处理

我国工业行业的不断发展促进了国家经济水平的提升，但是工业生产过程中需要应用大量水资源，生产中所产生的废水不仅对环境造成了严重污染，还浪费许多水资源。下面在工业废水处理方面进行相应的探索。

（一）常见的工业废水处理

1. 农药废水

农药废水主要来源于农药生产工程。其成分复杂，化学需氧量（COD）可达每升数万毫克。农药废水处理的目的是降低农药生产废水中污染物浓度，提高回收利用率，力求达到无害化。主要农药废水处理方法有活性炭吸附法、湿式氧化法、溶剂萃取法、蒸馏法和活性污泥法等。

2. 电泳漆废水

金属制品的表面涂覆电泳漆，在汽车车身、农机具、电器、铝带等方面得到广泛的应用。超滤处理电泳漆废水的工艺流程如图 2-11 所示。

用超滤和反渗透组合系统处理电泳漆废水，当废水通过超滤处理，几乎全部树脂涂料都可以被截住。透过超滤膜的水中含有盐类和溶剂，但很少含有树脂涂料。用反渗透处理超滤膜的透过水，透过反渗透膜的水中，总溶解固形物的去除率可以达到 97％～98％。这样，透过水中总溶解固形物的浓度可以降低到 13～33mg/L，符合终段清洗水的水质要求，就可用作最后一段的清洗水了。

3. 重金属废水

重金属废水主要来自电解、电镀、农药、医药、冶炼、油漆、颜料等生产过程。

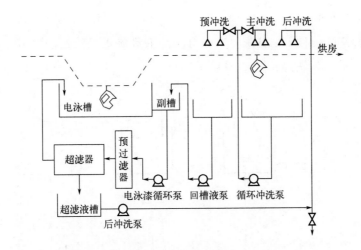

图 2-11　超滤处理电泳漆废水的工艺流程

对重金属废水的处理，通常可分为两类。

（1）将废水中呈溶解状态的重金属转变成不溶的金属化合物或元素，经沉淀和上浮从废水中去除。可应用的方法包括：中和沉淀法、硫化物沉淀法、上浮分离法、电解沉淀（或上浮）法、隔膜电解法等。

（2）将废水中的重金属在不改变其化学形态的条件下进行浓缩和分离。可应用的方法包括：反渗透法、电渗析法、蒸发法和离子交换法等。

可根据具体情况单独或组合使用这些方法。

4. 电镀废水

电镀废水毒性大，量小但面广。反渗透法处理电镀废水的工艺流程如图 2-12 所示。为了实现闭路循环，操作时必须注意保持水量的平衡。

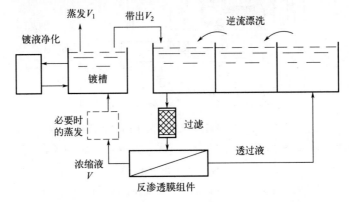

图 2-12　反渗透法处理电镀废水的工艺流程

（1）镀镍废水

镀镍废水的 pH 值近中性，所以可用醋酸纤维素反渗透膜。其工艺流程图如图 2-13 所示。该法经济效益明显。

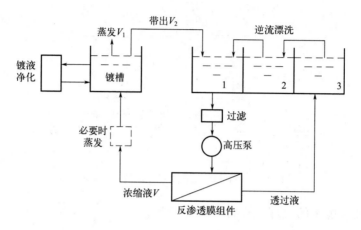

图 2-13　反渗透法处理电镀含镍废水的工艺流程图

（2）镀铬废水

镀铬废水 pH 值低（偏酸性），且呈强氧化性，用醋酸纤维素膜是不可取的，关键要解决膜的耐酸和抗氧化问题。其工艺流程如图 2-14 所示。

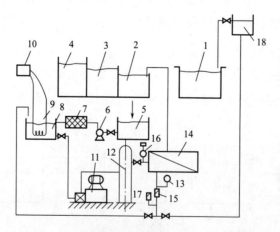

图 2-14　反渗透处理含铬废水的工艺流程

1—镀铬槽；2—第一漂洗槽；3—第二漂洗槽；4—第三漂洗槽；5—第一贮槽；6—塑料离心泵；

7—过滤器；8—第二贮槽；9—加热器；10—电子继电器；11—高压泵；12—稳压罐；

13—压力表；14—反渗透装置；15—针形阀；16—电接点压力表；

17—触点温度计；18—高位水箱

（3）镀锌、镀镉废水

氰化镀锌、镀镉等漂洗废水中存在 CN^-，从而使反渗透膜对金属离子的分离能力受到严重影响。超滤法处理碱性镀锌废水工艺流程，如图 2-15 所示。

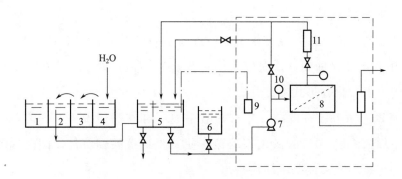

图 2-15 超滤法处理碱性镀锌废水的工艺流程

1—镀槽；2—第一漂洗槽；3—第二漂洗槽；4—第三漂洗槽；5—中间贮槽；6—酸溶液槽；

7—离心泵；8—超滤组件；9—液位控制器；10—压力表；11—流量计

5. 含稀土废水处理

稀土生产中废水主要来源于稀土选矿、湿法冶炼过程。根据稀土矿物的组成和生产中使用的化学试剂的不同，废水的组成成分也有差异。目前常用的方法有蒸发浓缩法、离子交换法和化学沉淀法等。

（1）蒸发浓缩法

废水直接蒸发浓缩回收铵盐，工艺简单，废水可以回用实现"零排放"，对各类氨氮废水均适用，缺点是能耗太高。

（2）离子交换法

离子交换法仅适用于溶液中杂质离子浓度比较小的情况。一般认为常量竞争离子的浓度小于 1.0kg/L 的放射性废水适于使用离子交换法处理，而且在进行离子交换处理时往往需要首先除去常量竞争离子。无机离子交换剂处理中低水平的放射性废水也是应用较为广泛的一种方法。比如：各类黏土矿（如蒙脱土、高岭土、膨润土、蛭石等）、凝灰石、锰矿石等。黏土矿的组成及其特殊的结构使其可以吸附水中的 H^+，形成可进行阳离子交换的物质。有些黏土矿如高岭土、蛭石，颗粒微小，在水中呈胶体状态，通常以吸附的方式处理放射性废水。黏土矿处理放射性废水往往附加凝絮沉淀处理，以使放射性黏土容易沉降，获得良好的分离效果。对含低放射性的废水（含少量天然镭、钍和铀），有些稀土厂用软锰矿吸附处理（pH 7～8），也获得了良好的处理效果。

（3）化学沉淀法

在核能和稀土工厂去除废水中放射性元素一般用化学沉淀法。

① 中和沉淀除铀和钍。向废水中加入烧碱溶液，调 pH 值在 7～9 之间，铀和钍则以氢氧化物形式沉淀。

② 硫酸盐共晶沉淀除镭。在有硫酸根离子存在的情况下，向除铀、钍后的废水中加入浓度 10％的氯化钡溶液，使其生成硫酸钡沉淀，同时镭亦生成硫酸镭并与硫酸钡形成晶沉淀而析出。

③ 高分子絮凝剂除悬浮物。放射性废水除去大部分铀、钍、镭后，加入 PAM（聚丙烯酰胺）絮凝剂，经充分搅拌，PAM 絮凝剂均匀地分布于水中，静置沉降后，可除去废水中的悬浮物和胶状物以及残余的少量放射性元素，使废水呈现清亮状态，达到排放标准。

6. 纤维工业废水

与传统方法相比，用膜技术处理纤维工业废水，不仅能消除对环境的污染，而且经济效益和社会效益更好。图 2-16 给出了膜分离在纤维工业废水中应用的大致范围。

超滤法可用于回收聚乙烯醇（PVA）退浆水，一方面对环境起到一定的保护作用，另一方面回收的材料还可以再次用于生产。

超滤法可用于从染色废水中回收染料，工艺流程如图 2-17 所示，避免污染还能减少浪费。

除了上面介绍的以外，超滤法可用于处理洗毛废水或纤维油剂的回收等。

7. 造纸工业废水

造纸工业废水主要来源于造纸行业的生产过程。造纸工业废水的处理方法多样。膜法处理的造纸工业废水，是指造纸厂排放出来的亚硫酸纸浆废水，它含有很多有用物质，其中主要是木质素磺酸盐，还有糖类（甘露醇、半乳糖、木糖）等。过去多用蒸发法提取糖类，成本较高。若先用膜法处理，可以降低

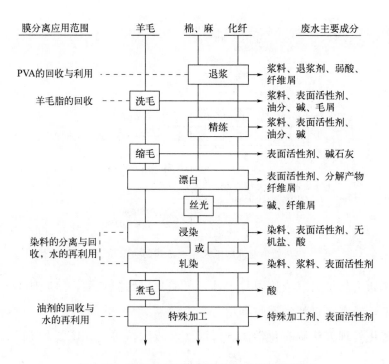

图 2-16　膜分离在纤维工业废水处理中的应用

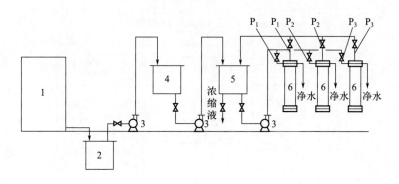

图 2-17　超滤法回收染料工艺流程

1—还原蒸箱；2—蓄液池；3—离心泵；4—氧化槽；5—循环槽；6—超滤器；$P_1 \sim P_3$—测压点

成本、简化工艺。其流程如图 2-18 所示。

8. 印染工业废水

印染工业废水量大，根据回收利用和无害化处理综合考虑。回收利用，如漂白煮炼废水和染色印花废水的分流，前者碱液回收利用，通常采用蒸发法回收，如碱液量大，可用三效蒸发回收，碱液量小，可用薄膜蒸发回收；后者染

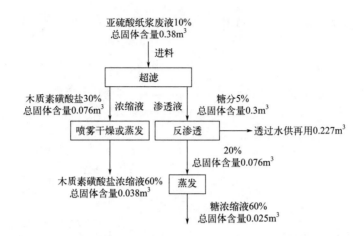

图 2-18 膜法处理亚硫酸纸浆废液浓缩回收木质素和糖分流程

料回收，如士林染料（或称阴丹士林）可酸化成为隐色酸，呈胶体微粒，悬浮于残液中，经沉淀过滤后回收利用。

无害化处理方法则有化学法、沉淀法和吸附法等，如图 2-19 所示。

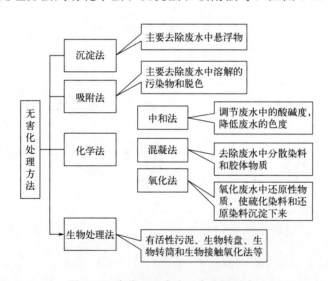

图 2-19 印染工业废水无害化处理方法

为了提高出水水质，达到排放标准或回收要求，往往需要采用几种方法联合处理。

9. 冶金工业废水

冶金工业废水比较复杂，利用膜技术处理冶金工业废水应采用集成膜技术，并应注意采取恰当的预处理措施。

某铜棒加工厂，每天排放浓度为 2% 的废硫酸（流量 17m³/h），废液含可溶性铜约 1200mg/L。用中和法处理这种废酸，会产生污水排放问题，而且其中的总有机固体（TOS）与可溶性铜均会超标。为此设计安装了一套反渗透-纳滤-离子交换（RO-NF-IEX）联合处理工艺。工艺流程如图 2-20 所示。

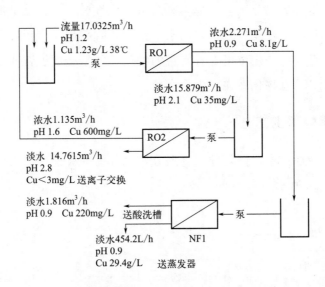

图 2-20　RO-NF-IEX 工艺流程

（二）工业废水处理站设计

工业废水处理站设计与污水处理厂设计基本相似，其不同点如下。

（1）工业废水处理站建设为企业行为，其设计报批的过程没有污水处理厂设计这么复杂和烦琐，一般通过厂方决定、报相应建设管理部门和环保部门立项审批通过即可。

（2）工业废水处理站一般靠近工业企业建设，其设计需要根据工业企业的具体情况和远期发展考虑。鉴于地价较贵，很多企业为节省占地，往往将废水处理站立体化建设。

（3）工业废水成分较生活污水成分复杂，许多行业废水中含有重金属、石油类、抗生素、难降解有机物，因而生化处理、物化处理较常见。

（4）工业废水水量较小、污染物浓度较高，且水量、水质经常波动，因而废水处理的构筑物往往与生活污水处理有一定不同，如进水管渠较小，格栅非常窄（多自制），多数要设水质或水量调节池，二沉池多为竖流式沉淀池，固液分离除沉淀池外还有气浮池等。

工业废水处理站设计的关键在于选择合适的处理工艺及其构筑物。而工艺流程选择在于如何进行生化和物化技术的优化组合，或者选择先物化后生化工艺还是选择先生化后物化工艺。如果废水可生化性较好，且水量很大，宜采用先生化后物化；若可生化性较好，但水量很小，宜采用先物化后生化；若可生化性很差，或者含有一定浓度有毒有害的物质，如重金属、石油类、难降解有机物、抗生素等，宜物化在先，生化在后。

二、污水处理工艺

现代污水治理技术，按处理程度划分，可分为一级处理、二级处理和三级处理，如图 2-21 所示。

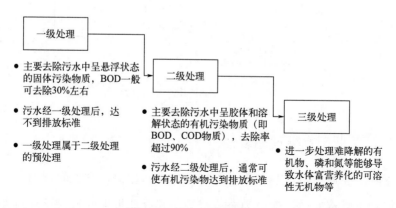

图 2-21　污水三级处理工艺

三级处理常用于二级处理后，主要方法有生物脱氮除磷法、混凝沉淀法、砂滤法、活性炭吸附法、离子交换法和电渗析法等。三级处理是深度处理的同义语，但两者又不完全相同。深度处理以污水回收、再用为目的，在一级或二级处理后增加的处理工艺。污水再用的范围很广，从工业上的重复利用、水体的补给水源到成为生活用水等。

城市污水处理的典型流程如图 2-22 所示。

工业废水的处理流程，随工业性质、原料、成品及生产工艺的不同而不

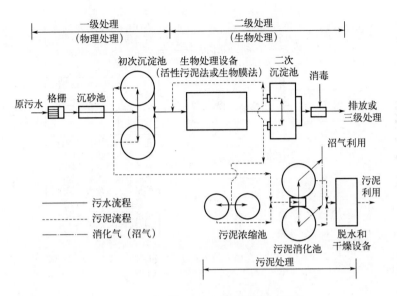

图 2-22 城市污水处理的典型流程

同，具体处理方法与流程应根据水质与水量及处理的对象，经调查研究或试验后决定。

（一）除磷工艺

污水中的磷一般有三种存在形态，即磷酸盐、聚合磷酸盐和有机磷。经过二级生化处理后，有机磷和聚合磷酸盐已转化为正磷酸盐。它在污水中呈溶解状态，在接近中性的 pH 值条件下，主要以 HPO_4^{2-} 的形式存在。

1. 除磷的方法

去磷的方法主要有石灰凝聚沉淀法、投加凝聚剂法和生物除磷法三类，如图 2-23 所示。

2. 生物除磷

常规二级生物处理的出水中，90％左右的磷以磷酸盐的形式存在。

生物除磷主要由一类统称为聚磷菌的微生物完成，其基本原理包括厌氧放磷和好氧吸磷过程，如图 2-24 所示。

一般认为，在厌氧条件下，兼性细菌将溶解性有机物转化为低分子挥发性脂肪酸（VFA）。聚磷菌吸收这些 VFA 或来自原污水的 VFA，并将其运送到细胞内，同化成胞内碳源存储物（聚-β-羟基丁酸，PHB），所需能量来源于聚

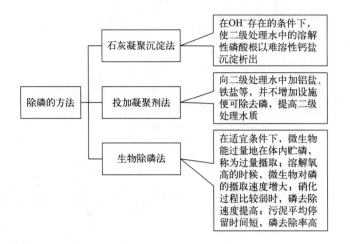

图 2-23　除磷的方法及原理

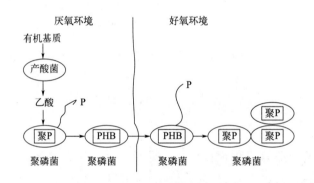

图 2-24　生物除磷过程示意

磷酸盐水解以及糖的酵解，维持其在厌氧环境生存，并导致磷酸盐的释放；在好氧条件下，聚磷菌进行有氧呼吸，从污水中大量地吸收磷，其数量大大超出其生理需求，通过 PHB 的氧化代谢产生能量，用于磷的吸收和聚磷酸盐的合成，能量以聚磷酸盐的形式存储在细胞内，磷酸盐从污水中得到去除；同时合成新的聚磷菌细胞，产生富磷污泥，将产生的富磷污泥通过剩余污泥的形式排放，从而将磷从系统中除去。聚磷菌（PAO）的作用机理如图 2-25 所示，还原型辅酶 I（NADH）和 PHB 分别表示糖原酵解的还原性产物和聚-β-羟基丁酸。聚磷菌以聚-β-羟基丁酸作为其含碳有机物的贮藏物质。

3. A²/O 除磷工艺

（1）A²/O 生物除磷工艺特点

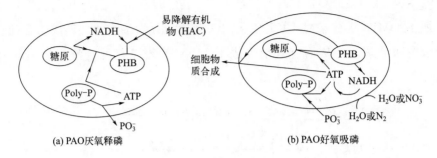

图 2-25　聚磷菌作用机理

① 工艺流程简单，无混合液回流，其基建费用和运行费用较低，同时厌氧池能保持良好的厌氧状态。

② 在反应池内水力停留时间较短，一般为 3～6h，其中厌氧池 1～2h，好氧池 2～4h。

③ 沉淀污泥含磷率高，一般为 2.5%～4%，去污泥效果好。

（2）A²/O 同步脱氮除磷的改进工艺

对于 A²/O 同步脱氮除磷工艺，很难同时取得较好的脱氮除磷效果。为此人们在其基础上进行了改良，以提高出水水质。A²/O 同步脱氮除磷的改良工艺包括 UCT 工艺、MUCT 工艺和 OWASA 工艺等。

① UCT 工艺。UCT（University of Cape Town，简称 UCT）工艺（图 2-26，图中 G 表示混合液回流比，R 表示污泥外回流比）将回流污泥首先回流至缺氧段，回流污泥带回的 NO_3^--N 在缺氧段被反硝化脱氮，然后将缺氧段出流混合液一部分再回流至厌氧段，这样就避免了 NO_3^--N 对厌氧段聚磷菌释磷的干扰，提高了磷的去除率，也对脱氮没有影响，该工艺对氮和磷的去除率都大于 70%。

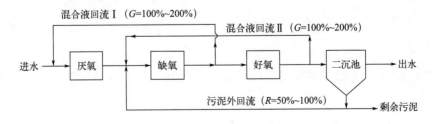

图 2-26　UCT 工艺流程

② MUCT 工艺。MUCT 工艺是 UCT 工艺的改良工艺，其工艺流程如图 2-27 所示。MUCT 工艺将 UCT 工艺的缺氧段一分为二，使之形成二套独立的混合液内回流系统，从而有效地克服了 UCT 工艺二套混合液内回流交叉的缺点。

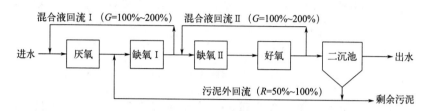

图 2-27　MUCT 工艺流程

③ OWASA 工艺。OWASA 工艺如图 2-28 所示。

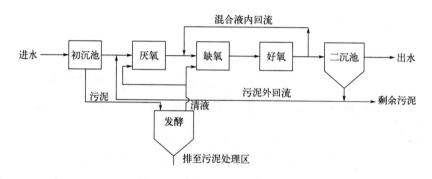

图 2-28　OWASA 工艺流程

4. Phostrip 工艺

Phostrip 工艺流程如图 2-29 所示。废水经曝气池降低 BOD_5 和 COD，同时在好氧状态下过量地摄取磷。在二沉池中，含磷污泥与水分离，回流污泥一部分回流至曝气池，而另一部分分流至厌氧除磷池。由除磷池流出的富磷上清液进入化学沉淀池，投加石灰形成 $Ca_3(PO_4)_2$ 不溶沉淀物，通过排放含磷污泥去除磷。

Phostrip 工艺把生物除磷和化学除磷结合到一起，与 A^2/O 工艺系统相比具有以下优点：

① 出水总磷浓度低，小于 1mg/L。

② 回流污泥中磷含量较低，对进水 P/BOD 无特殊限制，即对进水水质波

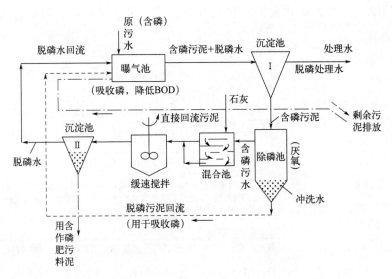

图 2-29 Phostrip 工艺流程

动的适应性较强。

③ 大部分磷以石灰污泥的形式沉淀去除，因而污泥的处置不像高磷剩余污泥那样复杂。

④ Phostrip 工艺还比较适合于对现有工艺的改造。

5. Phoredox 工艺

Phoredox 工艺流程如图 2-30 所示。厌氧池可以保证磷的释放，从而保证在好氧条件下有更强的吸磷能力，提高除磷效果。由于由两级 A/O〔（AP/AN/O）和（AN/O）〕工艺串联组合，脱氮效果好，则回流污泥中挟带的硝酸盐很少，对除磷效果影响较小，但该工艺流程较复杂。

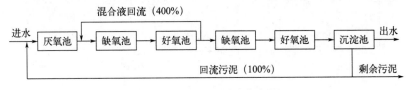

图 2-30 Phoredox 工艺流程

（二）除氮工艺

1. 除氮原理

污水中的氮常以含氮有机物、氨、硝酸盐及亚硝酸盐等形式存在，目前采用的除氮原理有生物硝化脱氮、脱氨除氮、氯化除氮等，它们的原理及特点如图 2-31 所示。

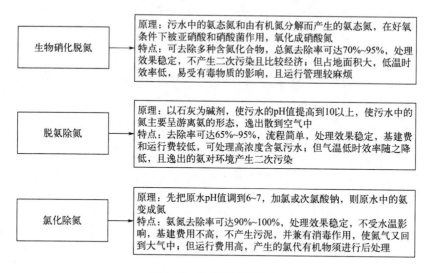

图 2-31　除氮原理及特点

2. 活性污泥法脱氮传统工艺

（1）三级生物脱氮工艺

活性污泥法脱氮工艺流程如图 2-32 所示。

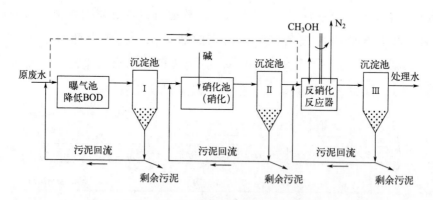

图 2-32　活性污泥法脱氮工艺流程

第一级曝气池为一般的二级处理曝气池，其主要功能是降低 BOD、COD，使有机氮转化，形成 NH_3、NH_4^+，完成氨化过程。经沉淀后，BOD_5 降至 $15\sim20mg/L$ 的水平。

第二级硝化池，在这里进行硝化反应，因硝化反应消耗碱度，因此需要投碱。

第三级为反硝化反应器，在这里还原硝酸根产生氮气，这一级应采取厌氧缺氧交替的运行方式。投加甲醇（CH_3OH）为外加碳源，也可引入原污水作为碳源。

甲醇的用量按下式计算：

$$C_m = 2.47[NO_3^- \text{-}N] + 1.53[NO_2^- \text{-}N] + 0.87DO \qquad (2\text{-}1)$$

式中，C_m 为甲醇的投加量，mg/L；$[NO_3^- \text{-}N]$、$[NO_2^- \text{-}N]$ 分别为硝酸盐氮、亚硝酸盐氮的浓度，mg/L；DO 为水中溶解氧的浓度，mg/L。

这种系统的优点是有机物降解菌、硝化菌、反硝化菌，分别在各自的反应器内生长，环境条件适宜，而且各自回流在沉淀池分离的污泥，反应速度快而且比较彻底。但处理设备多，造价高，管理不方便。

（2）两级生物脱氮工艺

将降低 BOD 和硝化反应过程放在同一的反应器内进行便形成了两级生物脱氮工艺，如图 2-33 所示。

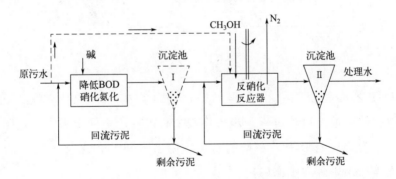

图 2-33　两级生物脱氮工艺

3. A/O 工艺

A/O 工艺为缺氧-好氧工艺，又称前置反硝化生物脱氮工艺，是目前采用比较广泛的工艺。

当 A/O 脱氮系统中缺氧和好氧在两座不同的反应器内进行时为分建式 A/O 脱氮系统，如图 2-34 所示。

当 A/O 脱氮系统中缺氧和好氧在同一构筑物内，用隔板隔开两池时为合建式 A/O 脱氮系统，如图 2-35 所示。

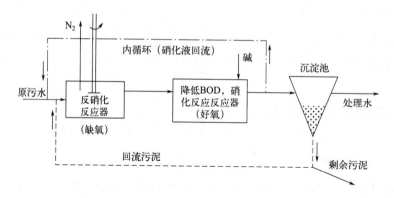

图 2-34　分建式 A/O 脱氮系统

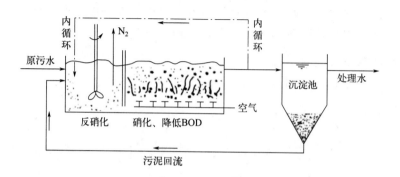

图 2-35　合建式 A/O 脱氮系统

A/O 工艺的特点有：①流程简单，构筑物少，运行费用低，占地少；②好氧池在缺氧池之后，可进一步去除残余有机物，确保出水水质达标；③硝化液回流，为缺氧池带去一定量的易生物降解有机物，保证了脱氮的生化条件；④无需加入甲醇和平衡碱度。

4. 厌氧氨氧化（Anammox）工艺

厌氧氨氧化工艺就是在厌氧条件下，微生物直接以 NH_4^+ 做电子供体，以 NO_2^- 为电子受体，将 NH_4^+ 或 NO_2^- 转变成 N_2 的生物氧化过程，其反应式为

$$NH_4^+ + NO_2^- \longrightarrow N_2 \uparrow + 2H_2O \tag{2-2}$$

由于 NO_2^- 是一个关键的电子受体，所以 Anammox 工艺也划归为亚硝酸型生物脱氮技术。

5. Sharon-Anammox 组合工艺

Sharon-Anammox（亚硝化-厌氧氨氧化）工艺被用于处理厌氧硝化污泥

分离液并首次应用于荷兰鹿特丹的 Dokhaven 污水处理厂，其工艺流程如图 2-36 所示。厌氧氨氧化反应通常对外界条件（pH 值、温度、溶解氧等）的要求比较苛刻，但这种反应节省了传统生物反硝化的碳源和氨氮氧化对氧气的消耗，因此对其研究和工艺的开发具有可持续发展的意义。

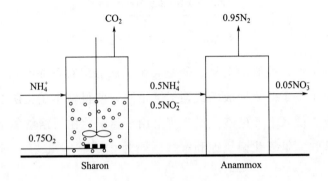

图 2-36　Sharon-Anammox 组合工艺示意（厌氧氨氧化 A^2/O 试验流程）

以 Sharon 工艺为硝化反应，Anammox 工艺为反硝化反应的组合工艺可以克服 Sharon 工艺反硝化需要消耗有机碳源、出水浓度相对较高等缺点。就是控制 Sharon 工艺为部分硝化，使出水中的 NH_4^+ 与 NO_2^- 的比例为 1∶1，从而可以作为 Anammox 工艺的进水，组成一个新型的生物脱氮工艺。反应式如下：

$$\frac{1}{2}NH_4^+ + \frac{3}{4}O_2 \longrightarrow \frac{1}{2}NO_2^- + H^+ + \frac{1}{2}H_2O \tag{2-3}$$

$$\frac{1}{2}NH_4^+ + \frac{1}{2}NO_2^- \longrightarrow \frac{1}{2}N_2 + 2H_2O \tag{2-4}$$

$$NH_4^+ + \frac{3}{4}O_2 \longrightarrow \frac{1}{2}N_2 + H^+ + \frac{3}{2}H_2O \tag{2-5}$$

Sharon-Anammox 组合工艺，与传统的硝化/反硝化相比，更具明显的优势：减少需氧量 $50\% \sim 60\%$；无需另加碳源；污泥产量很低；高氮转化率 $[6kg/(m^3 \cdot d)]$（Anammox 工艺的氨氮去除率达 98.2%）。

6. OLAND 工艺

OLAND 工艺（Oxygen Limited Autotrophic Nitrification Denitrification），是由比利时 Gent 微生物生态实验室开发的氧限制自养硝化反硝化工艺。该工艺经过两个过程，如图 2-37 所示，以达到去除氮的目的。

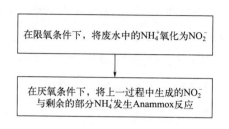

图 2-37 OLAND 工艺过程

该工艺的关键是控制溶解氧,研究表明,低溶解氧条件下氨氧化菌增殖速度加快,补偿了由于低氧造成的代谢活动下降,使得整个硝化阶段中氨氧化未受到明显影响。低氧下亚硝酸大量积累是由于氨氧化菌对溶解氧的亲和力较亚硝酸盐氧化菌强。氨氧化菌氧饱和常数一般为 $0.2 \sim 0.4 \mathrm{mg/L}$,亚硝酸盐氧化菌则为 $1.2 \sim 1.5 \mathrm{mg/L}$。

此技术核心是通过严格控制 DO,使限氧亚硝化阶段进水 $NO_4^+\text{-N}$ 转化率控制在 50%,进而保持出水中 $NO_4^+\text{-N}$ 与 $NO_2^+\text{-N}$ 的比值在 $1:(1.2\pm0.2)$。反应式如下:

$$\frac{1}{2}NH_4^+ + \frac{3}{4}O_2 \longrightarrow \frac{1}{2}NO_2^- + \frac{1}{2}H_2O + H^+ \tag{2-6}$$

$$\frac{1}{2}NH_4^+ + \frac{1}{2}NO_2^- \longrightarrow \frac{1}{2}N_2 + H_2O \tag{2-7}$$

总反应即

$$NH_4^+ + \frac{3}{4}O_2 \longrightarrow \frac{1}{2}N_2 + \frac{3}{2}H_2O + H^+ \tag{2-8}$$

OLAND 工艺与传统生物脱氮相比可以节省 62.5% 的氧量和 100% 的电子供体,但它的处理能力还很低。

(三) 脱氮除磷工艺

1. 巴颠甫 (Bardenpho) 工艺

本工艺是以高效率同步脱氮、除磷为目的而开发的一项技术,可称其为 A^2/O^2 工艺。其工艺流程如图 2-38 所示。

从此工艺可以看出:各种反应在系统中都进行了两次或两次以上;各反应单元都有其主要功能,并兼有其他功能,因此本工艺脱氮、除磷效果好,脱氮

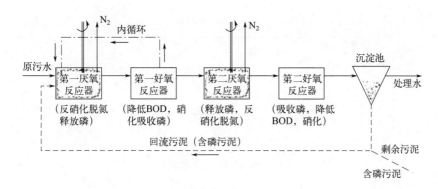

图 2-38 巴颠甫（Bardenpho）工艺

率达 $90\%\sim95\%$，除磷率 97% 以上。本工艺的缺点是：工艺复杂，反应器单元多，运行繁琐，成本高。

2. 生物转盘同步脱氮除磷工艺

在生物转盘系统中补建某些补助设备后，也可以有脱氮除磷功能，其流程如图 2-39 所示。

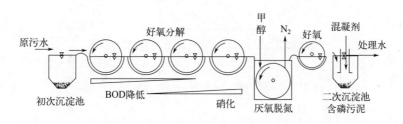

图 2-39 生物转盘同步脱氮除磷工艺

经预处理后的污水，在经两级生物转盘处理后，BOD 已得到部分降低，在后二级的转盘中，硝化反应逐渐强化，并形成亚硝酸氮和硝酸氮。其后增设淹没式转盘，使其形成厌氧状态，在这里产生反硝化反应，使氮以气体形式逸出，以达到脱氮的目的。

3. 厌氧-氧化沟工艺

厌氧池和氧化沟结合为一体的工艺，如图 2-40 所示。在空间顺序上创造厌氧、缺氧、好氧的过程，以达到在单池中同时生物脱氮除磷的目的。

氧化沟工艺的设计运行参数如下：污泥停留时间（SRT）为 $20\sim30d$，活性污泥浓度（MLSS）为 $2000\sim4000mg/L$；总水力停留时间（HRT）为 $18\sim30h$；

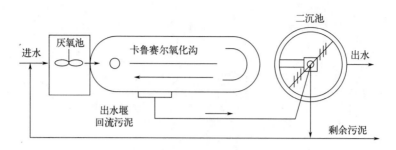

图 2-40　厌氧-氧化沟工艺

回流污泥占进水平均流量的 50%～100%。

4. A²N-SBR 双污泥反硝化除磷脱氮系统

基于缺氧吸磷的理论而开发的 A²N（Anaerobic Anoxic Nitrification）-SBR 双污泥反硝化除磷脱氮工艺，是采用生物膜法和活性污泥法相结合的双污泥系统，如图 2-41 所示。

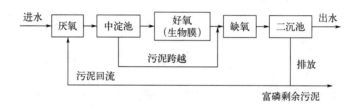

图 2-41　A²N-SBR 双污泥反硝化除磷脱氮工艺

与传统的生物除磷脱氮工艺相比较，A²N 工艺具有"一碳两用"、节省曝气和回流所耗费的能量少、污泥产量低以及各种不同菌群各自分开培养的优点。A²N 工艺最适合碳氮比较低的情形，颇受污水处理行业的重视。

三、污水再生利用

人口的增长增加了对水的需求，也加大了污水的产生量。考虑到水资源是有限的，在这种情况下，水的再生利用无疑成为贮存和扩充水源的有效方法。此外，污水再生利用工程的实施，不再将处理出水排放到脆弱的地表水系，这也为社会提供了新的污水处理方法和污染减量方法。因此，正确实施非饮用性污水再生利用工程，可以满足社会对水的需求而不产生任何已知的显著健康风险，已经被越来越多的城市和农业地区的公众所接受和认可。

（一）　回用水源

回用水源应以生活污水为主，尽量减少工业废水所占的比重。因为生活污水水质稳定，有可预见性，而工业废水排放时污染集中，会冲击再生处理过程。

城市污水水量大，水质相对稳定，就近可得，易于收集，处理技术成熟，基建投资比远距离引水经济，处理成本比海水淡化低廉。因此当今世界各国解决缺水问题时，城市污水首先被选为可靠的供水水源进行再生处理与回用。

在保证其水质对后续回用不产生危害的前提下，进入城市排水系统的城市污水可作为回水水源。

当排污单位排水口污水的氯化物含量＞500mg/L，色度＞100（稀释倍数），铵态氮含量＞100mg/L，总溶解固体含量＞1500mg/L 时，不宜作为回用水源。其中氯离子是影响回用的重要指标，因为氯离子对金属产生腐蚀，所以应严格控制。

（二）　再生水利用方式

再生水利用有直接利用和间接利用两种方式。直接利用是指由再生水厂通过输水管道直接将再生水送给用户使用；间接利用就是将再生水排入天然水体或回灌到地下含水层，从进入水体到被取出利用的时间内，在自然系统中经过稀释、过滤、挥发、氧化等过程获得进一步净化，然后再取出供不同地区用户不同时期使用。

直接利用通常有三种方式，如图 2-42 所示。

（三）　水资源再生利用途径

水资源再生利用到目前为止已开展 60 多年，再生的污水主要为城市污水。参照国内外水资源再生利用的实践经验，再生水的利用途径可以分为城市杂用、工业回用、农业回用、景观与环境回用、地下水回灌以及其他回用等几个方面。

1. 城市杂用

再生水可作为生活杂用水和部分市政用水，包括居民住宅楼、公用建筑

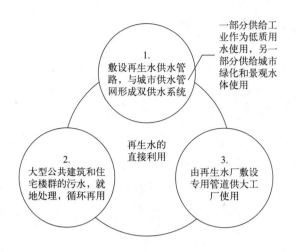

图 2-42 再生水直接利用的三种方式

和宾馆饭店等冲洗厕所、洗车、城市绿化、浇洒道路、建筑用水、消防用水等。

在城市杂用中，绿化用水通常是再生水利用的重点。在美国的一些城市，资料表明普通家庭的室内用水量：室外用水量＝1：3.6，其中室外用水主要是用于花园的绿化。如果能普及自来水和杂用水分别供水的"双管道供水系统"，则住宅区自来水用量可减少 78％。我国的住宅区绿化用水比例虽然没有这么高，但也呈现逐年增长的趋势。在一些新开发的生态小区，绿化率可高达40％～50％，这就需要大量的绿化用水，约占小区总用水量的 1/3 或更高。

城市污水回用于生活杂用水可以减少城市污水排放量，节约资源，利于环境保护。城市杂用水的水质要求较低，因此处理工艺也相对简单，投资和运行成本低。因此，再生水城市杂用将是未来城市发展的重要依托。

2. 工业回用

工业用水一般占城市供水量的 80％左右。自 20 世纪 90 年代以来，世界的水资源短缺和人口增长，以及关于水源保持和环境友好的一系列环境法规的颁布，使得再生水在工业方面的利用不断增加。再生水回用于工业，主要是指为以下用水提供再生水，如图 2-43 所示。

此外，厂区绿化、浇洒道路、消防与除尘等对再生水的品质要求不是很高，也可以使用回用水。但也要注意降低再生水内的腐蚀性因素。

其中，冷却水占工业用水的 70％～80％或更多，如电力工业的冷却水占

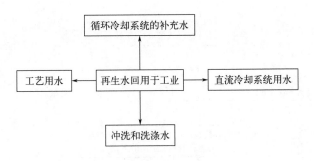

图 2-43 再生水回用于工业

总用水量的 99%，石油工业的冷却水占 90.1%，化工工业占 87.5%，冶金工业占 85.4%。冷却水用量大，但水质要求不高，用再生水作为冷却水，可以节省大量的新鲜水。因此工业用水中的冷却水是城市污水回用的主要对象。

3. 农业回用

农业灌溉是再生水回用的主要途径之一。再生水回用于农业灌溉，已有悠久历史，到目前，是各个国家最为重视的污水回用方式。

农业用水包括食用作物和非食用作物灌溉、林地灌溉、牧业和渔业用水，是用水大户。城市污水处理后用于农业灌溉，一方面可以供给作物需要的水分，减少农业对新鲜水的消耗；另一方面，再生水中含有氮、磷和有机质，有利于农作物的生长。此外，还可利用土壤-植物系统的自然净化功能减轻污染。

农业灌溉用水水质要求一般不高。一般城市污水要求的二级处理或城市生活污水的一级处理即可满足农灌要求。除生食蔬菜和瓜果的成熟期灌溉外，对于粮食作物、饲料、林业、纤维和种子作物的灌溉，一般不必消毒。就回用水应用的安全可靠性而言，再生水回用于农业灌溉的安全性是最高的，对其水质的基本要求也相对容易达到。再生水回用于农业灌溉的水质要求指标主要包括含盐量、选择性离子毒性、氮、重碳酸盐、pH 值等。

再生水用于农业应按照农灌的要求安排好再生水的使用，避免对污灌区作物、土壤和地下水带来不良影响，取得多方面的经济效益。

4. 景观与环境回用

这里所说的景观与环境回用是指有目的地将再生水回用到景观水体、水上娱乐设施等，从而满足缺水地区对娱乐性水环境的需要。用于景观娱乐和生态环境用水主要包括以下几个方面，如图 2-44 所示。

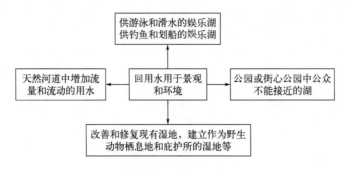

图 2-44　回用水用于景观和环境

由再生水组成的景观水体中的水生动物、植物仅可观赏，不得食用；含有再生水的景观水体不应用于游泳、洗浴、饮用和生活洗涤。

5. 地下水回灌

地下水回灌是扩大再生水用途的最有益的一种方式。地下水回灌包括天然回灌和人工回灌，回灌方式有三种，如图 2-45 所示。

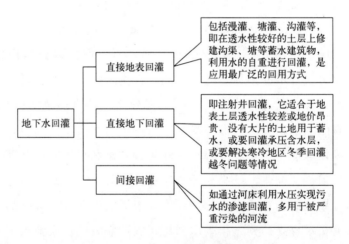

图 2-45　地下水回灌的三种方式

城市污水处理后回用于地下水回灌的目的如下：

（1）减轻地下水开采与补给的不平衡，减少或防止地下水位下降、水力拦截海水及苦咸水入渗，控制或防止地面沉降及预防地震，还可以大大加快被污染地下水的稀释和净化过程。

（2）将地下含水层作为储水池（储存雨水、洪水和再生水），扩大地下水资源的储存量。

（3）利用地下流场可以实现再生水的异地取用。

（4）利用地下水层达到污水进一步深度处理的目的。可见，地下回灌溉是一种再生水间接回用方法，又是一种处理污水方法。再生水回用于地下水回灌，其水质一般应满足以下一些条件：首先，要求再生水的水质不会造成地下水的水质恶化；其次，再生水不会引起注水井和含水层堵塞；最后，要求再生水的水质不腐蚀注水系统的机械和设备。

在美国，地下水回灌已经有几十年的运行经验，1972 年投入运行的加利福尼亚州 21 世纪水厂将污水处理厂出水经深度处理后回灌入含水层以阻止海水入侵。人工地下水回灌也是以色列国家供水系统的重要组成部分，目前回灌水量超过 $8.0 \times 10^7 \, \mathrm{m^3/a}$，对这样一个缺水国家的供水保障起到了重要作用。我国山东省青岛市即墨区的田横岛将生活污水处理后回灌入地下，经土壤含水层处理后作为饮用水源，其各项水质指标均符合我国饮用水标准，解决了岛上水资源严重不足的问题，是国内再生水用于地下水回灌的成功范例。

6. 其他回用

再生水除了上述几种主要的回用方式外，还有其他一些回用方式。

（1）回用于饮用

污水回用作为饮用水，有直接回用和间接回用两种类型。

直接回用于饮用必须是有计划的回用，处理厂最后出水直接注入生活用水配水系统。此时必须严格控制回用水质，绝对满足饮用水的水质要求。

间接回用是在河道上游地区，污水经净化处理后排入水体或渗入地下含水层，然后成为下游或当地的饮用水源。目前世界上普遍采用这种方法，如法国的塞纳河、德国的鲁尔河、美国的俄亥俄河等，这些河道中的再生水量比例为 $13\% \sim 82\%$；在干旱地区每逢特枯水年，再生水在河中的比例更大。

（2）建筑中水

建筑中水是指单体建筑、局部建筑楼群或小规模区域性的建筑小区各种排水，经适当处理后循环回用于原建筑物作为杂用的供水系统。

在使用建筑中水时，为了确保用户的身体健康、用水方面和供水的稳定性，适应不同的用途，通常要求中水的水质条件应满足以下几点：不产生卫生上的问题；在利用时不产生故障；利用时没有嗅觉和视觉上的不快感；对管道、卫生设备等不产生腐蚀和堵塞等影响。

第四节　水资源的主要开发形式与利用

一、水资源的开发利用现状

水是地球上一切生命活动的基础。全世界水资源总量较为丰富，且人均水资源年占有量也高达 7342m³。但从时间和空间的尺度来讲，世界水资源分配极不合理，较多的水资源集中分配在少数地区，导致这些地区洪水泛滥，然而其他广大地区水资源相对匮乏，因此导致很多国家和地区都相对缺水。据估算全球用水量大致以每年 5% 的速度增长。随着世界人口的增加，以及生态环境和气候异常等诸多因素的共同作用，到 2050 年，世界将会有 66 个国家和约 2/3 的世界人口面临严重缺水。因此，水资源的合理高效利用受到了世界各国的极大关注。

（一）世界水资源开发利用现状

20 世纪 50 年代以来，全球人口急剧增长，工业发展迅速。一方面，人类对水资源的需求以惊人的速度扩大；另一方面，日益严重的水污染蚕食大量可供消费的水资源。世界上许多国家正面临水资源危机。每年有 400 万～500 万人死于与水有关的疾病。水资源危机带来的生态系统恶化和生物多样性破坏，也将严重威胁人类生存。水资源危机既阻碍世界的持续发展，也威胁世界和平。专家警告说，水的争夺战将会随着水资源日益紧缺愈演愈烈。

2023 年 3 月 22 日至 24 日，由塔吉克斯坦和荷兰政府共同主办的联合国水事会议在纽约召开，联合国在会议前发表《联合国世界水发展报告》称，到 2050 年，世界各地城市中无法获得安全饮用水的人数将翻番，并就即将到来的水资源危机发出警告。据报道，世界各地近 10 亿城市人口目前面临缺水问题，在未来 30 年，这一数字可能会达到 17 亿至 24 亿，到 2050 年，城市用水需求预计将增加 80%。编制该报告的联合国教科文组织总干事奥黛丽·阿祖莱（Audrey Azoulay）表示，各国政府必须在水资源问题上进行合作。"为防止全球水资源危机失控，迫切需要建立强有力的国际机制。水是我们共同的未来，必须共同行动、公平分享并可持续地管理水资源。"她说。报告称，为确保到 2030 年所有人都能获得安全饮用水，目前在全球水资源问题上的投资水平必须增加两倍。

（二）我国水资源开发利用现状

我国水资源南多北少，地区分布差异很大。黄河流域的年径流量约占全国年径流总量的 2%，为长江水量的 6% 左右。在全国年径流总量中，淮河、海河及辽河三流域仅分别约占 2%、1% 及 0.6%，黄河、淮河、海河和辽河四流域的人均水量分别仅为我国人均值的 26%、15%、11.5% 和 21%，由于北方各区水资源量少，导致开发利用率远大于全国平均水平，其中海河流域水资源开发利用率达到惊人的 78%，黄河流域达到 70%，淮河现状耗水量已相当于其水资源可利用量的 67%，辽河已超过 94%。

水资源开发利用现状及其影响评价是对过去水利建设成就与经验的总结，是对如何合理进行水资源的综合开发利用和保护规划的基础性前期工作，其目的是增强流域或区域水资源规划时的全局观念和宏观指导思想，是水资源评价工作中的重要组成部分。

二、水资源的开发利用形势

（一）地面水资源开发利用形式

由于地面水资源的种类、性质和取水条件各不相同，因而地面水的开发利用形式也各不相同。按水源划分，有河流、湖泊、水库、海洋等水体取水。在城市上游的河流取水，为了兼顾城市防洪和供水，通常是采用建造水库的方法来实现地面水资源的开发利用。

1. 河流取水的工程形式

地表水取水构筑物的形式应适应特定的河流水文、地形及地质条件，同时应考虑到取水构筑物的施工条件和技术要求。由于水源自然条件和用户对取水的要求各不相同，因此地表水取水构筑物有多种不同的形式。

地表水取水构筑物按构造形式可分为固定式取水构筑物、活动式取水构筑物和山区浅水河流取水构筑物三大类，每一类又有多种形式，各自具有不同的特点和适用条件。

（1）固定式取水构筑物

固定式取水构筑物按照取水点的位置，可分为岸边式、河床式和斗槽式；按照结构类型，可分为合建式和分建式；河床式取水构筑物按照进水管的形式，可分为自流管式、虹吸管式、水泵直接吸水式、桥墩式；按照取水泵类型及泵房的结构特点，可分为干式、湿式泵房和淹没式、非淹没式泵房；按照斗槽的类型，可分为顺流式、逆流式、侧坝进水逆流式和双向式。固定式取水构筑物具有取水可靠、维护管理简单以及适应范围广等优点，但投资较大，水下工程量较大，施工期长。

（2）活动式取水构筑物

在遇到下列情形时，一般应考虑使用移动式取水构筑物。

① 当河水水位变幅较大而取水量又较小时。

② 当供水要求紧迫、建设固定式取水构筑物赶不上需要时。

③ 当水文资料不全、河岸不稳定时。

④ 当设计临时性的供水水源时。

活动式取水构筑物可分为缆车式和浮船式。缆车式按坡道种类可分为斜坡式和斜桥式。浮船式按水泵安装位置可分为上承式和下承式；按接头连接方式可分为阶梯式连接和摇臂式连接。

（3）山区浅水河流取水构筑物

山区浅水河流取水构筑物包括底栏栅式和低坝式。低坝式可分为固定低坝式和活动低坝式（橡胶坝、浮体闸等）。地表水取水构筑物的分类如图 2-46 所示。

2. 湖泊、水库取水工程形式

我国湖泊、水库众多。而且近些年来水库的建设速度还在加快。为了满足生产和生活用水的需要，现在已有越来越多的湖泊、水库取水工程。湖泊、水库取水工程类型如图 2-47 所示。

（二） 地下水资源开发利用形式

由于地下水的类型、埋藏条件、含水层性质等的不同，开发利用地下水的

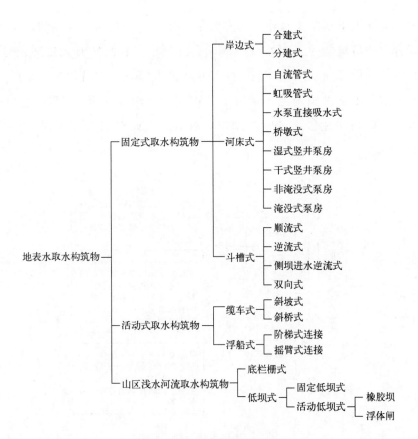

图 2-46　地表水取水构筑物的分类

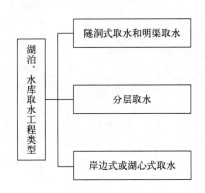

图 2-47　湖泊、水库取水工程类型

形式也各不相同。按水源地的供水特点分为集中式水源地和分散式水源地。地下水资源的开发利用应根据水文地质条件并结合当地需要，选择适宜的开采方式。

用于集取地下水的工程建筑物称为集水建筑物。集水建筑物的形式多种多样，综合归纳可概括为三大类型，如图 2-48 所示。在河床有大量冲积的卵石、砾石和砂等的山区间歇河流，或一些经常干涸断流，但却有较为丰富的潜流的河流中上游，山前洪积扇溢出带或平原古河床，由于水井施工难度大或出水量较小，这时可采用管道或截渗墙来截取潜流，此即截潜流工程，其结构如图 2-49 所示。

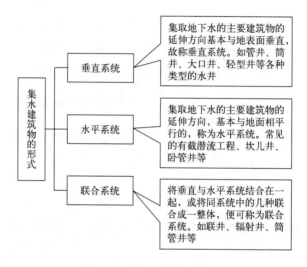

图 2-48　集水建筑物的形式

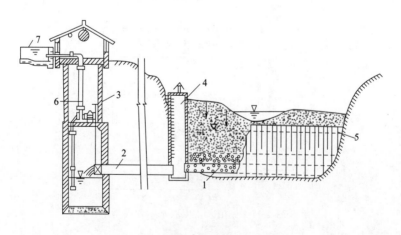

图 2-49　截潜流工程结构示意图

1—进水部分；2—输水部分；3—集水井；4—检查井；5—截水墙；6—水泵；7—出水池

坎儿井是干旱地区开发利用山前洪积扇地下潜水，用于农田灌溉和人畜饮用的一种古老的水平集水工程。坎儿井使用寿命较长，可以自流灌溉，水量稳定、水质优良，能防风沙，操作技术简单。

卧管井由水平的卧管和垂直的集水井组成。它只适用于特定的水文地质条件，或有渠水及其他人工补给水源的地区。管口常需装设闸阀，以供调节和保护地下水源。

第三章
土壤污染的危害与治理

地球是人类以及动植物赖以生存的家园，其中土壤是自然环境要素的重要组成部分之一，它是地球表面的一层疏松的物质，能够支持植物以及微生物生长繁殖。但是随着人类不合理利用开采、气候变化等原因，土壤的质量在不断下降，功能也随之削弱。土壤污染问题不容小视，对于土壤环境保护需要高度重视。本章主要针对土壤污染的危害与治理进行研究，针对土壤主要污染物特征与形成过程进行探索，并从物理修复技术、化学修复技术以及植物修复技术三个方面进行详细说明。

土壤主要污染物的特征与形成过程

一、土壤主要污染物的特征分析

（一）土壤中的主要污染物

土壤中的污染物可分为无机污染物和有机污染物两大类。这两大类也可以再细分为以下四类。

（1）化学污染物，包括无机污染物和有机污染物，前者如汞、镉、铅、砷等重金属，过量的氮、磷植物营养元素以及氧化物和硫化物等；后者如各种化学农药、石油及其裂解产物，以及其他各类有机合成产物等。

（2）物理污染物，指来自工厂、矿山的固体废弃物，如尾矿、废石、粉煤灰和工业垃圾等。

（3）生物污染物，指带有各种病菌的城市垃圾和由卫生设施（包括医院）排出的废水、废物以及厩肥等。

（4）放射性污染物，主要存在于核原料开采、核燃料泄漏和大气层核爆炸地区，以锶和铯等在土壤中留存期长的放射性元素为主。

（二）土壤中的污染物特征

土壤污染是自然成土因素、土壤物质组成与各种污染物相互作用，即土壤污染过程与土壤自净过程相互作用的结果。土壤在构成上的特殊性和土壤污染途径的多样性，使土壤污染与其他环境体系的污染相比具有很大的不同。土壤典型污染物具有如下显著特征。

1. 隐蔽性和滞后性

土壤是陆地表层的一个物质组成复杂多变的开放系统，人们不能像直接感知大气污染、水体污染那样感知土壤污染。土壤污染的严重后果仅能通过农作物对动物和人类健康造成的危害来显现，不易被人们察觉，因此土壤污染通常会滞后很长的时间。土壤污染要通过对土壤样品进行化验和对农作物中的残留物进行检测才能发现，而且检测方法和过程并不都简单，譬如土壤污染中的重金属污染检测就十分复杂。

2. 累积性和不可逆性

土壤污染具有累积性，污染物质在土壤中不容易迁移、扩散和稀释，因此很容易在土壤中不断累积。土壤污染具有不可逆性，重金属对土壤的污染基本上是一个不可逆转的过程，许多有机化学物质对土壤的污染需要较长时间才能被降解。累积在被污染土壤中的难降解污染物很难靠稀释和土壤的自净作用来消除，因此，治理污染土壤通常成本较高，治理周期较长。

3. 地域性与综合性

污染物质在土壤中不易迁移、扩散和稀释，以及不同区域中污染源的不同与污染因素的差异，导致污染物的浓度分布具有明显的地域性。因此在对一个地区的土壤环境质量进行监测和评价时，只有根据污染物的空间分布特点，科学地制订监测计划（包括采样点设置、监测项目、采样频率等），然后对监测数据进行统计分析，才能全面客观地了解该区域土壤污染状况。不同于具有流动性的水体和大气环境，土壤是一个复杂的环境介质，其中包含着复杂的生物、化学、物理过程，污染物在其中不仅存在价态和浓度变化，还存在吸附-解吸、固定-老化、溶解-扩散、氧化-还原以及生物降解等复杂过程。同时，人类活动对土壤环境的影响也是复杂的，越来越多的污染物被排放到土壤中，导致了多种污染物在土壤中共存，出现了土壤复合污染，它们表现出了不同的环境和生态效应，使土壤污染具有明显的综合性。

4. 危害的严重性

土壤中的污染物可以直接通过接触、食物链的生物放大等多种途径影响人体健康和生态环境的安全，其危害往往很严重。历史上发生的很多公害事件与土壤污染密切相关，如我国多地曾因施用含三氯乙醛的硫酸生产的过磷酸钙，导致粮食作物（如玉米、小麦）减产甚至绝收。

5. 土壤污染与水及空气污染

因为水是循环的，所以水污染会转嫁给土壤，土壤污染又会转嫁给空气，这三者一损俱损，其中土壤更是承载了全部污染的 60%。因此，要重视水、空气和土壤的综合治理。如未完全净化的含氧化硫的空气在一定范围内排放达到某一个数量级时，受区域小气候影响形成酸雨降于地表，在地表与土壤发生生物化学反应，一部分酸雨或反应物随地表径流汇入水体，另一部分则可能被土壤中的生物体暂时固定，最终被水体运移到某个地方沉积下来。如果这是独立事件，那么它对土壤和水体的污染可能因污染物的不同而产生程度不同的污染。但它对生物圈的污染是有迹可循且有时效性的。

6. 土壤污染的可迁移性

土壤中的污染物一方面通过食物链危害动物和人体健康，另一方面危害自然环境。例如，一些能溶于水的污染物，可从土壤中淋洗到地下水里，从而使地下水受到污染；一些悬浮物及土壤所吸附的污染物，可随地表径流迁移，造成地表水污染；一些污染的土壤被风吹到远离污染源的地方，扩大了污染面。又例如，经大量辐射污染的土壤中含有放射性物质，这些毒物质进入植物体会使植物停止生长。植物体中的有毒物质一般情况下是不会散发出来的，但植物体一旦遇火燃烧，有毒物质就会挥发，进入大气。

（三）土壤中污染物的危害

土壤的污染物较多，下面介绍几种常见的典型污染物的危害。

1. 镉的危害

进入人体的镉，在体内形成镉硫蛋白，通过血液到达全身，并选择性地蓄积于肾、肝中。肾脏可蓄积人体镉总吸收量的 1/3，是镉中毒的靶器官。此外，镉在脾、胰、甲状腺、睾丸和毛发等处也有一定的蓄积。镉的排泄途径主要是通过粪便排出，也有少量随尿液排出。在正常人的血液中，镉含量很低。人体接触镉后，血液中镉的含量会增高，但停止接触后又可迅速恢复正常。镉与含羟基、氨基、巯基的蛋白质分子结合，能使许多酶系统受到抑制，从而影响肝、肾器官中酶系统的正常功能。镉还会损伤肾小管，使人出现糖尿、蛋白尿和氨基酸尿等症状，并使尿钙和尿酸的排出量增加。肾功能不全又会影响维生素 D_3 的活性，使骨骼的生长代谢受阻碍，从而造成骨质疏松、骨骼萎缩和变形等。慢性镉中毒主要影响肾脏，最典型的例子是日本著名的公害病——痛痛病。日本的痛痛病有明显的地区性。慢性镉中毒还可引起贫血。急性镉中毒大多是由在生产环境中一次性吸入或摄入大量镉化物引起的。大剂量的镉是一种强的局部刺激剂，含镉气体通过呼吸道会引起呼吸道刺激症状，如肺炎、肺水肿、呼吸困难等。镉从消化道进入人体，则会使人出现呕吐、胃肠痉挛、腹痛、腹泻等症状，严重时会出现肝肾综合征而致人死亡。

2. 砷的危害

砷污染正向人们步步逼近，严重威胁着人们的健康和生命安全。含砷废水、农药及烟尘都会污染土壤。砷在土壤中累积并进入农作物组织中，从而影响人体健康。当人体对砷的化合物的摄入量超过排泄量，则会导致慢性中毒。砷及其化合物进入人体，蓄积于肝、肾、肺、骨骼等部位，特别是在毛发、指甲中贮存。砷在人体内产生的有害作用主要是与细胞中的酶系统结合，使许多酶的生物作用受到抑制失去活性，造成代谢障碍。慢性砷中毒主要表现为末梢神经炎和神经衰弱等症状。急性砷中毒多见于消化道摄入，主要表现为剧烈腹痛、腹泻、恶心、呕吐，抢救不及时可造成死亡。

3. 氟的危害

人体内的氟直接来自饮水、食物和空气。经口摄入的氟化物被胃肠吸收，吸收率为 $80\% \sim 97\%$，吸收率视氟化物的溶解度和膳食成分等而定。空气中氟化物有气态氟和尘态氟两种。气态氟由呼吸道摄入，几乎全部被肺吸收并进入血液循环；尘态氟则按颗粒大小分别沉积在上呼吸道、气管和肺泡内。进入血液循环的氟被排泄出去的和蓄积下来的约各占一半。氟的排泄主要通过肾脏（约占 85%），其次是胃肠道，少量从汗腺排出，故尿氟常作为环境医学监测的重要指标。成年人体内氟的总含量约为 $2.57g$，其中 96% 以上蓄积在骨和齿等硬组织中。高浓度氟（如氟化氢）污染可刺激皮肤和黏膜，引起皮肤灼伤、皮炎、呼吸道炎症。低浓度氟污染对人畜的危害主要表现为牙齿和骨骼的氟中毒。牙齿氟中毒表现为牙齿着色发黄、牙质松脆、缺损或脱落。骨骼氟中毒表现为腰腿疼和骨关节固定、畸形，X 射线检查发现骨质密度增加，关节、韧带钙化等。近年研究表明，氟化物对人体的毒作用不局限于骨和齿。氟是一种原生质毒物，易透过各种组织的细胞壁与原生质结合，具有破坏原生质的作用。动物实验表明，氟可以抑制脂肪酶、磷酸酶和脲酶等酶的活性，引起物质代谢紊乱。氟还可使甲状旁腺代偿性增生，干扰骨的钙磷代谢。大量氟能使实验动物的肾结构改变，并降低肾小管功能。

4. 石油的危害

石油污染的危害可分为三个方面。

（1）油气污染大气环境主要表现在两个方面：一是油气挥发物与其他有害气体被太阳紫外线照射后发生理化反应产生污染；二是燃烧生成化学烟雾，产生致癌物，导致温室效应，破坏臭氧层等。

（2）污染土壤。被石油污染的土壤，寸草不生。

（3）污染地下水。水资源被污染，导致一些地方性癌症村出现。输油管线腐蚀渗漏污染土壤和地下水源，不仅造成土壤盐碱化、毒化，导致土壤破坏和废毁，而且有毒物质能通过农作物尤其是地下水进入食物链，最终直接危害人类。石油进入土壤后，会破坏土壤结构，分散土粒，使土壤的透水性降低。其富含的反应基能与无机氮、磷结合并限制硝化作用和脱磷酸作用，从而使土壤有效磷、氮的含量减少；特别是其中的多环芳烃，因能致癌、致突变、致畸，并能通过食物链在动植物体内逐级富集，所以它在土壤中的累积危害性更大。

二、土壤主要污染物的来源和形成过程

（一）土壤无机污染物的来源

汞是一种对动植物及人体无生物学作用的有毒元素。土壤中的汞按其存在的化学形态可分为金属汞、无机化合态汞和有机化合态汞。无机化合态汞的主要存在形式有 HgS、HgO、$HgCO_3$、$HgHPO_4$、$HgCl_2$ 和 $Hg(NO_3)_2$ 等；有机化合态汞主要有甲基汞和有机汞配合物等。除甲基汞外，大多数有机化合态汞为难溶化合物。在各种含汞化合物中，甲基汞和乙基汞的毒性最强。土壤中汞的迁移转化比较复杂，主要有以下几种途径：土壤中汞的氧化-还原、土壤胶体对汞的吸附、配位体对汞的配合-整合作用、汞的甲基化作用。

镉的污染主要来源于铅、锌、铜矿山和冶炼厂的废水、尘埃和废渣，电镀、电池、颜料、塑料稳定剂和涂料工业的废水等。农业上，施用磷肥也可能带来镉的污染。

土壤中铅的污染主要来自大气污染中的铅沉降，如铅冶炼厂含铅烟尘的沉降和含铅汽油燃烧所排放的含铅废气的沉降等。另外，其他铅应用工业的"三废"排放也是污染源之一。土壤中的铅主要以二价态的无机化合物形式存在，极少数为四价态。植物从土壤中吸收铅主要是吸收存在于土壤中的可溶性铅，植物吸收的铅绝大多数积累于根部，再转移到茎、叶，种子中则很少。另外，

植物除通过根系吸收土壤中的铅以外，还可以通过叶片上的气孔吸收污染空气中的铅。

土壤中铬的污染主要来源于某些工业如铁、铬、铬酸盐和铬酸工业生产及电镀时的"三废"排放，以及燃煤、污水灌溉或污泥施用等。

砷是类金属元素，不是重金属。但从它的环境污染效应来看，常把它作为重金属污染来研究。土壤中砷的污染主要来自化工、冶金、炼焦、火力发电等工业生产的"三废"排放。砷主要以正三价和正五价存在于土壤环境中。其存在形式可分为水溶性砷、吸附态砷和难溶性砷，三者之间在一定的条件下可以相互转化。当土壤中含硫量较高时，在还原性条件下，砷可以形成稳定的难溶性三硫化二砷。植物对砷有强烈的吸收累积作用，其吸收作用与土壤中砷的含量、植物品种等有关。砷在植物中主要分布在植物的根部。浸水土壤中的可溶性砷含量比旱地土壤中的可溶性砷含量高，故在浸水土壤中生长的作物，其砷含量也较高。为了有效地防止砷污染及危害，可采取提高土壤氧化-还原电位的措施，以减少三价亚砷酸盐的形成，降低土壤中砷的活性。

土壤中的放射性元素主要来源于核试验、核反应堆、核电站、核原料工厂的泄漏事故，铀、钍矿的开采和冶炼，放射性同位素的生产和应用。

重金属会通过食物链和水循环进入海洋生物中以及污染水资源。

（二）土壤有机污染物的来源

土壤有机污染物主要包括有机农药、酚类、石油、3,4-苯并芘、合成洗涤剂以及由城市污水、污泥及厩肥带来的有害微生物等。

在石油生产、贮运、炼制加工及使用过程中，事故、不正常操作及检修等原因，都会导致石油烃类溢出和排放，例如在油田开发过程中的井喷事故、输油管线和贮油罐的泄漏事故、油槽车和油轮的泄漏事故、油井清蜡和油田地面设备检修、炼油和石油化工生产装置检修等。石油烃类大量溢出，应当尽可能予以回收，但在有的情况下即使尽力回收，仍会残留一部分，从而对土壤造成污染。

酚类化合物属于毒性很强的有机污染物，广泛存在于石化、印染、农药等行业。酚类化合物可分为挥发酚和不挥发酚两大类：沸点在 230℃ 以下的酚为挥发酚，除对硝基酚以外的一元酚均属于挥发酚；沸点在 230℃ 以上的酚为不挥发酚，二元酚及三元酚多属于不挥发酚。土壤及水环境被酚类污染物污染后，部分酚类污染物可以被土壤吸附，或者变成溶解物，长期残留在土壤及水环境中。酚类污染物能够引起土壤酸碱度、硬度、结构、组成成分等发生显著变化，而水体酸碱度、营养物质成分及含量等发生变化，会造成水体富营养化，阻碍或抑制土壤及水体中动植物和微生物的正常生命活动，严重的可造成生态灾难，使动植物面临消亡的危险。

（三）土壤主要污染物形成过程

土壤主要污染物形成主要有以下几种。

1. 污水灌溉

污水灌溉农田虽然能够补充农作物的灌溉需求，但其中所含的有害物质对人体健康和环境造成危害。具体来说，污水中的重金属、农药等有害物质可能会残留在作物中，影响农产品的质量。同时，污染的地下水会影响人的饮用水和环境的稳定，加重水资源的紧缺。

此外，污水灌溉对土壤也有负面影响。污水中的有害物质会在被灌溉的土壤中逐渐累积，造成土壤的长期污染，影响土壤肥力和农作物的生长发育，从而降低农作物品质和产量。土壤污染还会对生态环境产生负面的影响，影响周边动植物的生存。

使用污水灌溉的农作物中含有的重金属等毒性物质会超标，这些物质会对人体健康产生不良影响。同时，这些毒性物质会在人体食用农作物的过程中逐渐积累，长期食用就会对人体健康产生一定的威胁。

因此，虽然污水灌溉是一种经济有效的灌溉方式，但其中含有的污染物质会对土壤和人体健康造成不利影响。因此，在利用污水灌溉的同时，需要加强对污水的处理和管控，减少对土壤和人体的负面影响。

2. 固体废物堆放

城市生活垃圾和其他固体废物长期露天堆放，其中的有害成分在地表径流和雨水的淋溶、渗透作用下通过土壤孔隙向四周和纵深的土壤迁移，破坏了土壤的结构和理化性质，令土壤渣土化。垃圾直接施用于农田或仅经简易处理后用于农田，会破坏土壤的团粒结构、理化性质以及保水、保肥能力。特别是塑料袋、塑料布，如果埋在农田内，庄稼的根就不能生长，作物就会减产，可供人们食用的粮食就会减少。垃圾还会使土壤保水、保肥能力大大下降，进而对土壤中生长的植物产生污染，有时还会在植物体内蓄积，在人畜食用后危及人畜健康。生活垃圾也会污染空气。垃圾是一种成分复杂的混合物，在运输和露天堆放过程中，有机物会分解产生恶臭，并向大气释放出大量的氨、硫化物等污染物，其中含有的有机挥发气体达100多种，这些释放物中含有许多致癌、致畸物。垃圾在堆放或填坑过程中还会产生大量的酸性和碱性有机污染物，同时其中的重金属溶解出来，这些有害成分被雨水冲入地表水体，造成水体污染。垃圾污染源产生的渗出液经土壤渗透进入地下水体或垃圾被直接弃入河流、湖泊和海洋，则会引起更严重的污染。

3. 农药和化肥的施用

农药和化肥作为现代农业必不可少的两大增产手段，其不合理施用与过量施用造成化肥污染，使土壤养分平衡失调，是造成土壤富营养化的重要原因。施用的肥料中有些含有有害物质，如我国每年随磷肥进入土壤的总镉量是一种长期潜在的威胁。农药的残留和危害，包括生物放大、生物残留等通过食物链给人体和生态系统带来的影响不胜枚举。农药进入土壤的途径主要有三种：第一，农药由田间施肥直接进入土壤；第二，喷洒时附着在作物上的农药，通过作物落叶、雨水淋洗而进入土壤；第三，随着大气的沉降、灌溉水和动植物残体而进入土壤。研究表明，一般农田均受到不同程度的污染，但农药直接施入土壤的地区造成的农药土壤污染更为严重。进入土壤环境中的农药，因施用农药种类的不同、施药地区土壤性质以及农药用量和气象条件的差异，在土壤中的残留和迁移行为有很大差别。农药在土壤中的残留和污染主要集中在0～30cm深的土壤层。土壤农药污染程度视农药量而异，与农药对大气和水的污染不同，农药对土壤的污染主要集中在农药施用区。大部分农药由于被土壤吸附，随土层径流的迁移一般不多，随水的淋溶通常也较少，淋溶超过1m深的农药一般只占农药施用量的千分之一到百分之一。

4. 大气沉降物

气源重金属微粒是土壤重金属污染的途径之一，酸沉降亦是大气对土壤-植物系统产生危害的主要途径。

（1）固体悬浮颗粒

固体悬浮颗粒的成分很复杂，且具有较强的吸附能力，可以吸附各种金属粉尘、强致癌物苯并芘和病原微生物等。固体悬浮颗粒随呼吸进入人体肺部，以碰撞、扩散、沉积等方式滞留在呼吸道的不同部位，引起呼吸系统疾病。此外，悬浮颗粒物还直接接触皮肤和眼睛，阻塞皮肤的毛囊和汗腺，引起皮肤炎和结膜炎，甚至还可能造成角膜损伤。

（2）一氧化碳

一氧化碳与血液中的血红蛋白结合的速度比氧快 210～250 倍，且结合以后不易与血红蛋白分离。一氧化碳经呼吸道进入血液循环，与血红蛋白结合后生成碳氧血红蛋白，从而削弱血液向各组织输送氧的功能，危害中枢神经系统，造成人的感觉、反应、理解、记忆等机能障碍，重者危害血液循环系统，有生命危险。因此，即使是吸入微量一氧化碳，也可能给人体造成可怕的缺氧性伤害。

（3）氮氧化物

氮氧化物主要是指一氧化氮、二氧化氮，它们都是对人体有害的气体，特别是对呼吸系统有危害。在二氧化氮浓度为 $9.4mg/m^2$ 的空气中暴露 10min，即可造成人的呼吸系统功能失调。

（4）碳氢化合物

目前还不清楚碳氢化合物对人体健康的直接危害。但氮氧化合物和碳氢化合物在太阳紫外线的作用下，会产生一种具有刺激性的浅蓝色烟雾，其中包含有臭氧、醛类、硝酸酯类等多种复杂化合物。这种光化学烟雾对人体最突出的危害是刺激眼睛和上呼吸道黏膜，引起眼睛红肿和咽喉炎。

（5）铅

铅是有毒的重金属元素，汽车用油中大多数掺有防爆剂四乙基铅或甲基铅，燃烧后生成的铅及其化合物均为有毒物质。城市大气中的铅 60% 以上来自汽车含铅汽油的燃烧。

（6）二氧化硫

二氧化硫具有强烈的刺激气味，达到一定浓度时容易导致"酸雨"的发生，造成土壤和水源酸化，影响植物的生长。

5. 交通运输过程中产生的污染物

城市主干道、高速公路、铁路等交通运输线周边土壤由于机动车尾气排放、大气沉降等因素受到了不同程度的污染和危害。交通运输中产生的废气是重要的交通污染物，特别是城市中的汽车，量大而集中，排放的污染物能直接侵袭人的呼吸器官，对人体健康的危害很大。因此，汽车尾气对城市的空气污染很严重，成为大城市主要的空气污染源之一。汽车排放的废气主要有一氧化碳、二氧化硫、氮氧化合物和碳氢化合物等，前三种物质危害性很大。根据我国不同地区的监测发现，在环境空气污染物中，车辆排放物占有较大的比例，其中一氧化碳（CO）、氮氧化合物（NO$_x$）、碳氢化合物等含量占80%～90%。随着我国车辆保有量逐年增长，上述各项污染物的排放量亦跟着上升。显然，车辆排放物将成为我国环境空气的主要污染源之一。公路附近上空往往形成浓度较高且持续时间较长的汽车排放污染物区域，对人体健康形成危害，同时也对动物、植物以及水、土等环境造成严重影响。抓住汽车排放污染物这一关键问题，控制好交通排放污染物，使道路交通发展合乎生态环境的要求，与环境相协调，无疑是可持续发展战略的条件之一。

第二节　土壤污染中的物理修复技术实践应用

一、物理修复技术特点

污染土壤物理修复是指采用物理方法进行调节或控制，使污染土壤的物理性状发生改变，将污染物与土壤分离，或者将土壤中的污染物转化为低毒或无毒物，而使土壤中的污染物得到有效控制的过程。物理分离修复技术、土壤蒸汽浸提修复技术、固化/稳定化土壤修复技术、热力学修复技术、热解析修复技术、电动修复技术、冰冻修复技术是主要的土壤污染物理修复技术。这些技术能够对受到苯系物、多环芳烃、多氯联苯、重金属以及二噁英等污染的土壤进行有效修复。

污染土壤物理修复技术是比较经典的土壤污染治理措施，具有技术简单、操作简单、修复彻底、稳定的优点。污染土壤物理修复技术的缺点是工程量大、投资费用高，会破坏土体结构，引起土壤肥力下降，并且还要对换出的污土进行堆放或处理，只适用于小面积严重污染的土壤治理。下面我们分别对常见的物理修复技术的工作原理或机制进行详细的论述。

二、物理分离修复技术

（一）物理分离修复技术基本原理

物理分离修复技术来源于化学、采矿和选矿工业中。在原理上，大多数污染土壤的物理分离修复基本上与化学、采矿和选矿工业中的物理分离技术一样，主要是根据土壤介质及污染物的物理特征而采用不同的操作方法：①依据粒径大小，采用过滤或微过滤的方法进行分离；②依据分布、密度大小，采用沉淀或离心的方法进行分离；③依据磁性有无或大小，采用磁分离的手段进行分离；④依据表面特性，采用浮选法进行分离。

物理分离修复技术具有高效、快捷、修复时间较短、操作简便、对周围环境干扰少、对污染物的性质和浓度不是很敏感等特点。物理分离修复技术有许多局限性，修复效果不尽如人意，有可能引起二次污染，所需费用较高，消耗人力物力较多。比如用粒径分离时，易塞住筛孔或损坏筛子；用水动力学分离和重力分离时，当土壤中黏粒、粉粒和腐殖质含量较高时很难操作；用磁分离时处理费用比较高等。这些局限性决定了物理分离修复技术只能在小范围内应用，不能被广泛推广。

在大多数情况下，物理分离修复技术适用粒度范围详见表 3-1。从表中可以看出，绝大多数技术适合于中等粒径范围（100～1000μm）的土壤处理，少数技术适合于细质地的土壤。在泡沫浮选法中，最大粒度限制要根据气泡所能支持的颗粒直径或质量来衡量和确定。表 3-1 给出的各种技术适用的粒度范围，可以帮助我们确定采用具体的物理分离技术。

表 3-1　采用物理分离修复技术的适用粒度范围

分离过程		粒度范围/μm
粒径分离	干筛分	＞3000
	湿筛分	＞150
水动力学分离	淘选机	＞50
	水力旋风分离器	5～15
	机械粒度分级机	5～100

续表

分离过程		粒度范围/μm
密度分离	振动筛	>150
	螺旋富集器	75~3000
	摇床	75~3000
	比重床	5~100
泡沫浮选分离		5~500

（二）物理分离修复技术主要属性

物理分离修复技术主要是基于土壤介质及污染物物理特征不同而采用不同的操作方法，其主要属性如表 3-2 所示。

表 3-2　物理分离修复技术的主要属性

项目	粒径分离（筛分）	水动力学分离	密度分离（重力）	泡沫浮选分离	磁分离
技术优点	设备简单，费用低廉，可持续高处理产出	设备简单，费用低廉，可持续高处理产出	设备简单，费用低廉，可持续高处理产出	尤其适合于细粒级的处理	如果采用高梯度的磁场，可以恢复较宽范围的污染介质
局限性	筛子易塞，细格筛易损坏，会产生粉尘	当土壤中有较大比例的黏粒、粉粒和腐殖质存在时很难操作	当土壤中有较大比例的黏粒、粉粒和腐殖质存在时很难操作	颗粒必须以较低的浓度存在	处理费用比较高
所需装备	筛子、过滤器、矿石筛	澄清池、淘析器、水力旋风器	振荡床、螺旋浓缩器	空气浮选室或塔	电磁装置、磁过滤器

（三）物理分离技术主要类型分析

1. 粒径分离

粒径分离是根据颗粒直径分离固体，叫筛分或者过滤，它是将固体通过特定大小网格的线编织筛的过程，粒径大于筛子网格的颗粒留在筛子上，粒径小于筛子网格的颗粒通过筛子。滚筒式筛分设备如图 3-1 所示。

2. 水动力学分离

水动力学分离是基于颗粒在流体中的流动速度将其分为两部分或多部分的

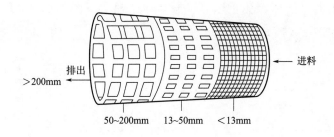

图 3-1　滚筒式筛分设备

分离技术。颗粒在流体中的移动速度取决于颗粒大小、密度和形状，通过强化流体与颗粒运动方向相反的方向上的运动，提高分离效率。

水力旋风分离器主要利用离心力来加速颗粒的沉降速率，最终实现分离的目的，如图 3-2 所示。水力旋风分离器的主体结构是一个竖直的圆锥筒。土壤以泥浆的方式从顶部沿切线方向加入，通过在圆锥筒内竖直轴形成的低压区，产生涡流。快速沉降的土壤颗粒在离心力的作用下，向管壁方向加速沉降，并以螺旋的方式沿筒壁向下落到底部开口处。沉降速率较慢的土壤颗粒则聚集到轴两侧的低压区内，并由一根管子吸出，流出筒外。

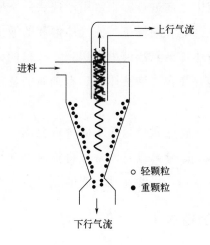

图 3-2　水力旋风分离器

3. 密度（或重力）分离

密度分离是基于物质密度，采用重力富集方式分离颗粒。在重力和其他一种或多种与重力方向相反的作用力的共同作用下，不同密度的颗粒产生的运动行为也有所不同。重力分离对粗糙颗粒比较有效。常用的密度分离设备有振动筛、螺旋富集器、摇床、比重床等。振动筛原理示意图如图 3-3 所示，螺旋富集器横断面如图 3-4 所示。

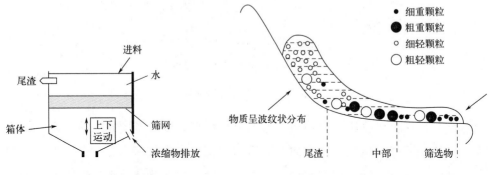

图 3-3　振动筛原理示意图　　　　　图 3-4　螺旋富集器横断面

4. 泡沫浮选分离

用泡沫浮选分离使杂质与悬浮液分开的方法：向液体充气直到饱和，随后使气体饱和的液体膨胀并形成气泡。为在悬浮液中创造最佳的气泡大小和数量提供良好条件，并使本方法更有效，气体饱和的液体应单独地并在含气泡的液体加到有杂质的悬浮液中之前进行膨胀。用浮选法使杂质与悬浮液分开的装置至少包括向液体充气直到饱和的设备、使气体饱和的液体进行膨胀并产生气泡的设备和将有气泡的液体加到悬浮液中并送到浮选槽的设备。其特征在于：气体饱和的液体应单独地并在含气泡液体加到有杂质的悬浮液中之前进行膨胀。

5. 磁分离

磁分离是基于各种矿物的磁性强弱不同进行分离，尤其是将铁材料从非铁材料中分离出来的技术。磁分离设备通常是将传送带或转筒运送过来的移动颗粒流连续不断地通过强磁场，最终达到分离的目的。

三、蒸气浸提修复技术

（一）土壤蒸气浸提技术基本原理

土壤蒸气浸提技术（简称 SVE）最早于 1984 年由美国特拉瓦克公司研究成功并获得专利授权。其修复机制是通过降低土壤孔隙的蒸气压，把土壤中的污染物转化为蒸气形式而加以去除。该技术适用于高挥发性化学污染土壤的修复，可以进行原位或异位修复，适用于被汽油、苯和四氯乙烯等污染的土壤。

土壤蒸气浸提技术可操作性强，设备简单，容易安装，对处理地点的土壤破坏较小；处理时间短，在理想条件下，通常 6 个月到 2 年即可；处理污染物的范围宽，容易与其他技术组合运用。浸提技术主要用于挥发性有机卤代物和非卤代物的修复，通常应用的污染物是那些亨利系数大于 0.01 或蒸气压大于 66.7Pa 的挥发性有机物，有时也应用于去除环境中的油类、重金属及其有机物、多环芳烃等污染物。在美国，蒸气浸提技术几乎已经成为修复受加油站污染的地下水和土壤的"标准"技术。由于土壤理化性质对土壤蒸气浸提技术有很大的影响，因此，采用该技术前应对土壤孔隙度、湿度、容重、质地、有机质含量、空气传导率等进行测量。此外，该技术很难达到 90% 以上的去除率，在低渗透土壤和有层理的土壤上有效性不确定；这种技术只能处理不饱和的土壤，对饱和土壤和地下水的处理需要与其他技术组合运用。

（二）原位土壤蒸气浸提技术

原位土壤蒸气浸提技术是通过向布置在不饱和土壤中的提取井向土壤导入气流，气流经过土壤时，挥发性和半挥发性的有机物挥发随空气进入真空中，气流经过以后，土壤得到修复，如图 3-5 所示。根据受污染地区的实际地形、钻探条件或其他现场具体因素的不同，可选用垂直或水平提取井进行修复。

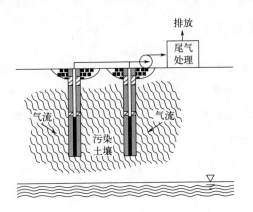

图 3-5 污染土壤的原位蒸气浸提技术

（三）异位土壤蒸气浸提技术

异位土壤蒸气浸提技术是通过布置在被挖开堆积着的污染土壤中开着狭缝

的管道网络向土壤中引入气流，促使挥发性和半挥发性的污染物挥发进入土壤中的清洁空气流，进而被提取脱离土壤，如图3-6所示。

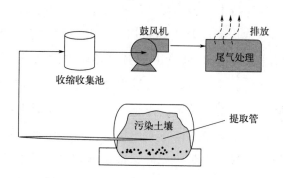

图 3-6　污染土壤的异位蒸气浸提技术

该技术主要受以下因素制约：

（1）挖掘和物料处理过程中容易出现气体泄漏。

（2）运输过程中有可能导致挥发性物质释放。

（3）占地空间要求较大。

（4）处理之前，直径大于60mm的块状碎石需提前去除。

（5）黏质土壤会影响修复效率。

（6）腐殖质含量过高会抑制挥发过程。

四、热力学修复技术

热力学修复技术是利用热传导（如热井和热墙）或辐射（如无线电波加热）实现对污染土壤的修复。其与标准土壤蒸气提取过程类似，利用气提井和鼓风机将水蒸气和污染物收集起来，通过热传导加热。在土壤饱和层中利用各种加热手段让土壤温度升高，输入的热量将会使地下水沸腾，溢出蒸气，带走污染物，从而达到修复的目的。热力学修复技术包括高温（＞100℃）原位加热修复技术、低温（＜100℃）原位加热修复技术和原位电磁波加热修复技术。

（一）高温原位加热修复技术

利用气提井和鼓风机将水蒸气和污染物收集起来，通过热传导加热，可以通过加热毯从地表进行加热，也可以通过安装在加热井中的加热器件进行加热。

高温原位加热修复技术主要用于处理的污染物有半挥发性的卤代有机物和非卤代化合物、多氯联苯以及密度较高的非水质液体有机物等。高温原位加热修复技术原理如图 3-7 所示。

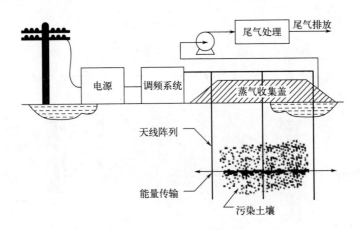

图 3-7 高温原位加热修复技术原理

高温原位加热修复技术的影响因素如下：

（1）地下土壤的异质性会影响原位修复处理的均匀程度。

（2）提取挥发性弱一些的有机物的效果取决于处理过程所选择的最高温度。

（3）加热和蒸气收集系统必须严格设计、严格操作，以防止污染物扩散进入清洁土壤。

（4）经过修复的土壤结构可能会由于高温而发生变化。

（5）如果处理饱和层土壤，用高能来将水加热，会大幅度提高成本。

（6）含有大量黏性土壤及腐殖质的土壤，对挥发性有机物具有较高吸附性，会导致去除速率降低，需要尾气收集处理系统。

（二）低温原位加热修复技术

低温原位加热修复技术利用蒸气井加热，如图 3-8 所示，包括采用蒸气注射钻头、热水浸泡或者电阻加热产生蒸气加热，可以将土壤加热到100℃。低温原位加热修复技术主要用于处理的污染物是半挥发性卤代物和非卤代物及浓的非水溶性液态物质。

低温原位加热修复技术的影响因素如下：

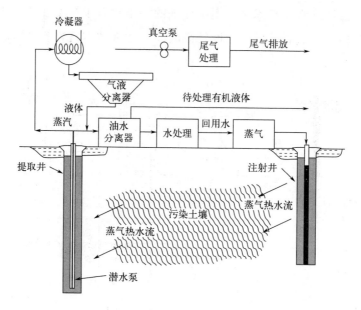

图 3-8　低温原位加热修复技术（蒸气注射）原理

（1）地下土壤的异质性，会影响土壤修复处理的均匀程度。

（2）渗透性能低的土壤难以处理。

（3）在不考虑重力的情况下，会引起蒸气绕过非水溶性液态浓稠污染物。

（4）地下埋藏的导体，会影响电阻加热的应用效果。

（5）流体注射和蒸气收集系统，必须严格设计、严格操作，以防止污染物扩散进入清洁土壤。

（6）蒸气、水和有机液体必须回收处理。

（7）需要尾气收集处理系统。低温原位加热修复技术应用的成本估算见表3-3 所示。

表 3-3　低温原位加热修复技术应用的成本估算

固定成本	可变成本	其他管理工作成本
提取井安装 采样点安装设备 人员设备安置	加热设备租用 尾气处理设备租用 冷凝设备租用 能源动力费 现场监控 现场卫生、安全保障 工艺控制采用分析	有机液体污染物处理 尾气处理

（三）原位电磁波加热修复技术

原位电磁波加热修复技术是将电磁波能转化为热能，通过加热和挥发去除污染物。它利用高频电压产生的电磁波能量对现场土壤进行加热，利用热量强化土壤蒸气浸提技术，使污染物在土壤颗粒内解吸而达到污染土壤修复的目的。

原位电磁波加热修复技术的加热系统包括：无线电能量辐射布置系统；无线电能量发生、传播和监控系统；污染物蒸气屏蔽包容系统；污染物蒸气回收处理系统等。

第三节　土壤污染中的化学修复技术实践应用

一、化学修复技术特点

化学修复技术的机制主要包括沉淀、吸附、氧化-还原、催化氧化、质子传递、脱氯、聚合、水解和 pH 调节等。其中，氧化-还原法能够修复包括有机污染物（主要是具有芳香环、稠环结构的有机污染物，强共轭和环取代有机污染物）和重金属在内的多种污染物的土壤，它主要是通过氧化剂和还原剂的作用产生电子传递，从而降低土壤中存在的污染物的溶解度或毒性。

化学修复剂的施用方式多种多样，主要有以下几种：

（1）水溶性的化学修复剂，可以通过灌溉的方式将其浇灌或喷洒在污染土壤的表层，或者通过注入的方式将其灌入亚表层土壤中。试剂施用过多会产生不良的环境效应，这样就需要对所施用的化学试剂进行回收再利用。

（2）土壤湿度较大且污染物质主要分布在土壤表层，则适合使用人工撒施的方法。为保证化学稳定剂能与污染物充分接触，人工撒施之后还需要采用普通农业技术（例如耕作）把固态化学修复剂充分混入污染土壤的表层，有时甚至需要深耕。根据作用原理不同，化学修复技术主要包括化学氧化修复技术、土壤淋洗修复技术、溶剂浸提修复技术等。下面将对这些技术进行逐一介绍。

二、化学氧化修复技术

化学氧化修复技术主要是向污染环境中加入化学氧化剂，依靠化学氧化剂的氧化能力，分解破坏污染环境中污染物的结构，使污染物降解或转化为低毒、低移动性物质的一种修复技术。与化学修复技术的其他修复技术相比，化学氧化技术是一种快捷、积极，对污染物类型和浓度不是很敏感的修复技术。

利用化学处理技术，通过化学修复剂与污染物发生氧化、还原、吸附、沉淀、聚合、络合等反应，使污染物从土壤中以分离、降解、转化或稳定成低毒、无毒、无害等形式或形成沉淀除去。化学修复剂与污染物的相互作用能有效降低土壤中污染物的迁移性和被植物吸收的可能性，避免其进入生态循环系统。

化学氧化修复技术具有二次污染小、修复污染物的速度快这两大优势，能节约修复过程中的材料、监测和维护成本。另外，化学氧化修复技术具有药剂投放方式多样、治理方案灵活性高等特点，可根据场地实际情况需要因地制宜调整优化。因此，化学氧化修复技术被广泛应用。

化学氧化修复技术主要包括化学还原法、还原脱氯法、化学淋洗法等。化学还原法和还原脱氯法主要用于分散在地表下较大、较深范围内的氯化物等对还原反应敏感的化学物质，将其还原、降解；化学淋洗法则对去除溶解度和吸附力较强的污染物更加有效。究竟选择何种修复手段，要依赖于仔细的土壤实地勘察和预备试验的结果。

由于污染场地的复杂性，不同地质地理环境对氧化剂的选择性不同，化学氧化的理论研究与实际应用存在一定的不匹配性。氧化剂的氧化能力（氧化剂类型、相对氧化强度、标准氧化势）、环境因素（pH、反应物浓度、催化剂、副产物及系统杂质等）对于化学氧化速率及修复效果都起着至关重要的作用。

因此，本节将通过介绍四种常用的化学氧化剂（高锰酸盐、过硫酸钠、过氧化氢和臭氧）的适用条件、适用范围等特征，分析不同化学氧化处置方法对不同污染场地的适应性及选择性。它们对于有机污染物具有较好的去除效果。另外，过氧化钙（CaO_2）、过氧化镁（MgO_2）、过碳酸钠（$2Na_2CO_3 \cdot 3H_2O$）和高铁酸钾（K_2FeO_4）也有一定的修复效果，但是应用较少。不同的氧化剂对不同的污染物的去除效果不同，在地下环境存在的时间也不同，如 $KMnO_4$

和未活化的 $Na_2S_2O_8$ 具有较好的稳定性，因此可以用于渗透性较差的土壤。H_2O_2 和活化 $Na_2S_2O_8$ 反应时间较短，适用于渗透性较好的土壤。

（一）高锰酸盐

化学氧化修复中所使用的高锰酸盐一般为高锰酸钾（$KMnO_4$）和高锰酸钠（$NaMnO_4$）。高锰酸钾是固体晶体，通过与一定比例的水混合，可获得浓度不高于 4% 的溶液，但其固体本质使得高锰酸钾的传输受限。高锰酸钠通常为液态（浓度约为 40%），经稀释后应用。高锰酸钠的高浓度赋予其更高的灵活性，但是高锰酸钠的高反应活性还可能与土壤中高浓缩的还原剂发生氧化还原放热反应进而产生一定的毒害作用。

虽然高锰酸盐氧化剂具有高稳定性和高持久性的优势，但不适用于氯烷烃类污染物，如 1,1,1-三氯乙烷等污染物。因为饱和的脂肪族化合物不含有可用的电子对，因此不容易被氧化。对于含有碳碳双键（—C＝C—）的不饱和脂肪族化合物，因其具有更多的可用电子对，所以高锰酸盐氧化剂对其具有很高的氧化效率，但芳香族化合物除外。当芳环或脂肪链上含有取代基（如—CH_3 或—Cl 等）时，双键键长增加，稳定性降低，氧化反应的活性增强。与大多数氧化剂相同，高锰酸盐氧化不具选择性，当其用于土壤修复时，除了将污染物氧化外，也会氧化土壤中的天然有机质。

此外，高锰酸盐在污染土壤处理中的应用还有诸多限制：

（1）对于含氯有机物（如氯苯、氯烷、三氯乙烷等）的氧化有效性差。

（2）氧化还原反应生成 MnO_2 沉淀，降低下表面的渗透性。

（3）由于微环境的 pH 及氧化态的改变，金属移动性增加，毒性增强。

（4）高锰酸钾能引起粉尘危害。

（5）高锰酸盐氧化酚类化合物时消耗量过大。因此，应结合实际环境因地制宜地选用。

（二）过硫酸钠

过硫酸铵的溶解性强于过硫酸钠，但由于过硫酸铵溶解时会产生氨气，因此在土壤化学氧化修复中，选用过硫酸钠作为氧化剂。过硫酸根离子是一种强氧化剂，氧化性强于 H_2O_2。其氧化性受过硫酸根浓度、pH 及氧含量影响，并且反应能生成过氧化氢及过硫酸氢根离子。

加热或添加 Fe^{2+} 能促进激发态硫酸基（$SO_4 \cdot$）的生成，显著增加过硫酸盐的氧化强度。$SO_4 \cdot$ 是分子碎片，具有孤电子对，虽然生命周期短，但具有极强的反应活性，其氧化效应相当于由臭氧或过氧化氢激发出激发态羟基（$OH \cdot$）。$SO_4 \cdot$ 可引发链传递或链终止反应，链传递反应能产生新的激发态自由基，而链终止反应则不能。

链开始反应：

$$S_2O_8^{2-} \longrightarrow 2SO_4 \cdot \tag{3-1}$$

$$Fe^{2+} + S_2O_8^{2-} \longrightarrow 2SO_4 \cdot + Fe^{3+} \tag{3-2}$$

$$S_2O_8^{2-} + RH \longrightarrow SO_4 \cdot + R \cdot + HSO_4^- \tag{3-3}$$

链传递反应：

$$SO_4 \cdot + RH \longrightarrow R \cdot + HSO_4^- \tag{3-4}$$

$$SO_4 \cdot + H_2O \longrightarrow OH \cdot + HSO_4^- \tag{3-5}$$

$$OH \cdot + RH \longrightarrow R \cdot + H_2O \tag{3-6}$$

$$R \cdot + S_2O_8^{2-} \longrightarrow SO_4^- \cdot + HSO_4^- + R \tag{3-7}$$

$$SO_4 \cdot + OH^- \longrightarrow OH \cdot + SO_4^{2-} \tag{3-8}$$

链终止反应：

$$SO_4 \cdot + Fe^{2+} \longrightarrow Fe^{3+} + SO_4^{2-} \tag{3-9}$$

$$OH \cdot + Fe^{2+} \longrightarrow Fe^{3+} + OH^- \tag{3-10}$$

$$R \cdot + Re^{3+} \longrightarrow Fe^{2+} + R \tag{3-11}$$

在上述链反应中，虽然 Fe^{2+} 能激发 $SO_4 \cdot$ 的产生，但同时 Fe^{2+} 还参与链终止反应，因此微环境中 Fe^{2+} 的浓度的控制对于链反应显得尤为重要。Fe^{2+} 需要强还原条件进行保存，因此有必要利用过氧体系降低 pH，获得强还原条件。过硫酸盐用于场地修复时，催化剂必须随着过硫酸根一起传输移动，但 Fe^{2+} 在传输过程中容易被氧化成 Fe^{3+}，同时由于土壤具有一定的缓冲能力，Fe^{3+} 在土壤中进一步反应生成沉淀，因此随着 Fe^{2+} 传输时间和距离的增加，Fe^{2+} 催化剂的化学有效性下降。可利用螯合剂（如草酸、柠檬酸）增加 Fe 的溶解性。

此外，还可通过增加溶液的 pH 来激发 $SO_4 \cdot$ 的产生，因为在碱性环境中，—OH 能与微环境中其他激发态物质反应产生 OH·。

当污染物为氯代烷烃时，Fe^{2+} 的催化有效性较低，但创造碱性条件能显著促进过硫酸盐对氯代烷烃的氧化去除。由于溶解态的 Fe^{2+} 在土壤中的传输受限，且在与 $S_2O_4^-$ 的反应过程中自身损耗，因此 Fe 的催化能力随着时间和距离的增加而降低。可通过 Fe 的螯合来增加 Fe 的溶解性和寿命。过硫酸盐能与软金属（如锡、铜等）发生反应，因此，污染土壤修复工程所用的装置和材料应能抵抗过硫酸盐腐蚀，比如采用不锈钢、高浓度聚乙烯或聚氯乙烯（PVC）等。对于所有的氧化剂，在实地实施前都应进行预试验，确定氧化剂的最佳投加量。对于重金属污染物，还应注意，随着微环境氧化势及 pH 的改变，金属的存在状态及移动性会改变。

（三）过氧化氢/芬顿反应

过氧化氢（H_2O_2）/芬顿反应与过硫酸盐类似，H_2O_2 不需要催化剂即可独立氧化污染物，但是当 H_2O_2 的浓度低于 0.1% 时，对于许多危险有机污染物的降解效率不高。在 H_2O_2 氧化体系中添加 Fe^{2+} 后，能促进 OH· 的生成，显著提高 H_2O_2 的氧化强度，并且链反应激活，生成新的自由基。这类由 Fe 作催化剂，H_2O_2 为氧化剂，在 pH 为 2.5～3.5 间发生的催化氧化反应被称为芬顿反应。芬顿反应中，H_2O_2 的初始浓度为 $3 \times 10^{-4} \, mol \cdot L^{-1}$，$Fe^{2+}$ 被氧化为 Fe^{3+}，当 pH<5 时，Fe^{3+} 还原为 Fe^{2+}，继续作为催化剂激活链反应，生成 OH·。其基本反应式如下：

$$Fe^{2+} + H_2O_2 \longrightarrow Fe^{3+} + OH· + OH^- \tag{3-12}$$

当 H_2O_2 过量时，链反应过程能产生许多自由基，因此会提高污染物的去除率，并且相比于母体化合物，链反应中生成的中间产物容易被生物降解。在芬顿反应中有一类重要的副反应如下：

$$Fe^{3+} + nOH^- \longrightarrow 无定形态沉淀物 \tag{3-13}$$

首先，该反应需要大量消耗活性 Fe。因此，需要通过降低体系环境的 pH 或加入螯合剂，最大限度地增加可利用的 Fe^{2+}，阻止副反应对体系的影响。可通过加酸调节至 pH 为 3.5～5.0，常用的酸类如 HCl 或 H_2SO_4 都适用，但是有机酸的副反应趋势大，会增加不必要的土壤有机组分，不予采用。在反应条件下，仍然不可控制 H_2O_2 在地下层面发生反应，引起热量散发。H_2O_2 的浓度越高，破坏性越强。即使在混合环境条件下，挥发性物质也可能挥发进地下。因此，必须采取适当措施利用 H_2O_2 反应所释放的热量。其次，碳酸根离子和金属化合物能与羟基自由基发生反应，引发链终止反应，进而引起氧化剂的需求量增加。在体系设置中，需考虑以上两方面的影响。

此外，使用 H_2O_2 作氧化剂时，还需考虑以下几点因素的影响：

（1）低 pH 条件，H_2O_2 能将土壤中的金属溶解，同时增加地下水中金属的浓度；当 H_2O_2 的添加浓度高于 10% 时，将产生热量。

（2）存在污染气体产生和挥发的可能性。

（3）碳酸根离子对羟基自由基及氢离子的需求量巨大。

（4）在实际注入前应计算出体系中各物质的添加量最佳值。

（四）臭氧

臭氧（O_3），20℃ 时的溶解度为 600mg·L^{-1}，是原位化学氧化（ISCO）中常用的氧化剂，实际应用中含 3%~5% 空气和 8%~12% 的氧气，其标准还原电位为 2.07V，氧化能力在天然元素中仅次于氟。O_3 在原位化学氧化过程中通过发生器和空气曝气系统向污染地区注入，与土壤或地下水中的有机分子和无机分子反应生成氧气、OH^-·和水。在以 O_3 为基础的原位修复中，一般以两种形式注入，一种是 O_3 气体直接注入，另一种是 O_3 和 H_2O_2 联用。O_3 氧化降解有机物的原理如下：

（1）氧化反应

$$O_3 + 2H^+ + 2e \longrightarrow O_2 + H_2O, E_0 = 2.07V \tag{3-14}$$

$$2 \cdot OH + 2H^+ + 2e \longrightarrow 2H_2O, E_0 = 2.76V \tag{3-15}$$

（2）OH·形成反应

$$O_3 + H_2O \longrightarrow O_2 + 2 \cdot OH（慢） \tag{3-16}$$

$$2O_3 + 3H_2O_2 \longrightarrow 4O_2 + 2 \cdot OH + 2H_2O（快） \tag{3-17}$$

臭氧可以直接氧化降解有机污染物或者通过产生自由基来降解有机污染物。在直接氧化过程中，O_3 分子通过加成（烯烃类物质）在反应分子上，形成过渡型中间产物，然后再转化成反应产物。在自由基反应过程中，·O_3 首先与水反应生成·OH 自由基，然后有机污染物与·OH 反应得以去除。

O_3 一般通过原位注射修复，具有以下优点：

① O_3 的氧化性较强，与污染物反应较快，与水反应后生成强氧化性的 OH·，能够降解的有机污染物种类较多，如石油类、农药、含氯溶剂、药品（咖啡因、孕酮等）、雌激素类（雌酮、雌三醇等）等有机污染物。

② O_3 在水中的溶解度较高，为氧气的 12 倍，分解产生的 O_2 可为土壤中的微生物所利用。

其缺点是，O_3 以气态形式注入，在场地原位修复中其传输的纵向和横向距离均有限，不能与地下环境中的污染物充分接触，而且 O_3 的生成装备系统昂贵，操作的安全性要求较高。

由于 O_3 氧化产物的毒性问题导致其实际应用受到限制。由于要在修复现场产生臭氧，因此必须保证修复的安全性。O_3 和土壤中的有机物的反应是有选择性的，也不能够把有机物彻底地氧化成二氧化碳和水，经过 O_3 氧化后的产物一般是羧酸类的有机物，因此，在实际应用中，就需要增加一些土壤预处理技术（如超声技术）或者氧化剂来共同处理。也有报道称 O_3 氧化有机质后可以促进土壤的生物有效性。

化学氧化处置方法适用于多种环境条件下土壤污染物的去除，但其成功应用有两个关键因素：

① 试剂的分散性。

② 氧化剂与污染物的反应活性。

三、土壤淋洗修复技术

土壤淋洗修复技术是指将可促进土壤污染物溶解或迁移的化学溶剂注入受污染土壤中，从而将污染物从土壤中溶解、分离出来并进行处理的技术。土壤淋洗与土壤水洗有所区别。土壤水洗是用清水对污染土壤进行洗涤，将附着在土壤颗粒表面的有机污染物和无机污染物转移至水溶液中，从而达到洗涤和清洁污染土壤的目的。

土壤淋洗的作用机制在于利用淋洗液或化学助剂与土壤中的污染物结合，并通过淋洗液的解吸、螯合、溶解或固定等化学作用，达到修复污染土壤的目的。

土壤淋洗修复技术的实现方式主要分为原位淋洗和异位淋洗，其中异位淋洗又可分为现场修复和离场修复。

原位土壤淋洗修复技术是根据污染物分布的深度，让淋洗液在重力或外力作用下流过污染土壤，使污染物从土壤中迁移出来，并利用抽提井或采用挖沟的办法收集洗脱液。洗脱液中污染物经合理处置后，可以进行回用或达标排放，处理后的土壤可以再安全利用。

（一）技术分类

土壤淋洗修复技术按处理土壤的位置可以分为原位土壤淋洗修复技术和异位土壤淋洗修复技术。

1. 原位土壤淋洗修复技术

原位土壤淋洗指通过注射井等向土壤施加淋洗剂，使其向下渗透，穿过污染带与污染物结合，通过解吸、溶解或络合等作用，最终形成可迁移态化合物，如图 3-9 所示。含有污染物的溶液可以用提取井等方式收集、存储，再进一步处理，以再次用于处理被污染的土壤。该技术需要在原地搭建修复设施，包括清洗液投加系统、土壤下层淋出液收集系统和淋出液处理系统。在修复过程中，通常需要将污染区域封闭起来，一般采用物理屏障或分割技术。

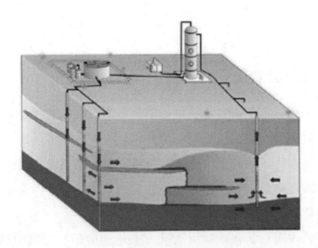

图 3-9　原位土壤淋洗示意图

该技术对于多孔隙、均质、易渗透的土壤中的重金属，具有低辛烷/水分配系数的有机化合物、羟基类化合物、低分子量醇类和羟基酸类等污染物具有较高的分离与去除效率。其优点包括：无须对污染土壤进行挖掘、运输，适用于饱气带和饱水带中多种污染物的去除，适用于组合工艺中。其缺点有：可能会污染地下水，无法对去除效果与持续修复时间进行预测，去除效果受制于场地地质情况等。

2. 异位土壤淋洗修复技术

异位土壤淋洗修复技术指把污染土壤挖掘出来，通过筛分去除超大的组分，并把土壤分为粗料和细料，然后用淋洗剂来清洗、去除污染物，再处理含有污染物的淋出液，并将洁净的土壤回填或运到其他地点，如图 3-10 所示。

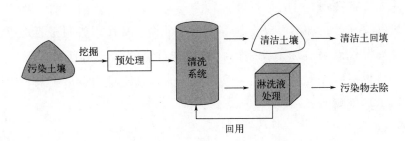

图 3-10　异位土壤淋洗示意图

该技术操作的核心是通过水力学方式机械地悬浮或搅动土壤颗粒，土壤颗粒尺寸的最低下限是 9.5mm，大于这个尺寸的石砾和粒子才会较易由该方式将污染物从土壤中洗去。通常将异位土壤淋洗修复技术用于降低受污染土壤量的预处理，主要与其他修复技术联合使用。当污染土壤中砂粒与砾石含量超过 50％时，异位土壤淋洗技术就会十分有效。而对于黏粒、粉粒含量超过 30％，或者腐殖质含量较高的污染土壤，异位土壤淋洗技术分离去除污染物的效果较差。

一般的异位土壤淋洗修复技术流程如下：

（1）挖掘土壤。

（2）土壤颗粒筛分，剔除杂物如垃圾、有机残体、玻璃碎片等，并将粒径过大的砾石移除。

（3）淋洗处理，在一定的土液比下将污染土壤与淋洗液混合搅拌，待淋洗液将土壤污染物萃取后，静置，进行固液分离。

（4）淋洗废液处理，含有悬浮颗粒的淋洗废液经处理后，可再次用于淋洗。

（5）挥发性气体处理达标后排放。

（6）淋洗后的土壤符合控制标准，进行回填或安全利用。淋洗废液处理中产生的污泥经脱水后可再进行淋洗或送至最终处置场处理。

3. 淋洗剂种类

土壤污染源可以是无机污染物或有机污染物，淋洗剂可以是清水、化学溶剂或其他可能把污染物从土壤中淋洗出来的流体，甚至是气体。常见的淋洗剂有如下几种。

（1）无机淋洗剂

无机淋洗剂是指如酸、碱、盐等无机化合物，其作用机制主要是通过酸解或离子交换等作用来破坏土壤表面官能团与重金属或放射性核素形成的络合物，从而将重金属或放射性核素交换解吸下来，从土壤中分离出来，适用于砷等重金属类污染物的处理。

（2）络合剂

络合剂是指如乙二胺四乙酸、氨基三乙酸、二乙烯三胺五乙酸、柠檬酸、苹果酸等，其作用机制是通过络合作用，将吸附在土壤颗粒及胶体表面的金属离子解络，然后利用自身更强的络合作用与重金属或放射性核素形成新的络合体，从土壤中分离出来，适用于重金属类污染物的处理。

（3）表面活性剂

表面活性剂主要指阳离子、阴离子型表面活性剂，通过卷缩和增溶来去除土壤中有机污染物。卷缩就是土壤吸附的油滴在表面活性剂的作用下从土壤表面卷离，它主要靠表面活性剂降低界面张力而发生，一般在临界胶束浓度（表面活性剂分子在溶剂中缔合形成胶束的最低浓度）以下就能发生。增溶就是土壤吸附的难溶性有机污染物在表面活性剂作用下从土壤解吸下来而分配到水相中，它主要靠表面活性剂在水溶液中形成胶束相，溶解难溶性有机污染物，一般要在临界胶束浓度以上才能发生。另外，表面活性剂的乳化、起泡和分散作用等也在一定程度上有助于土壤有机污染物的去除。表面活性剂适用于重金属类和有机类污染物的处理。

除此之外，还有些土壤淋洗工程选用了皂角苷等生物表面活性剂和结合了以上几种淋洗剂的复合淋洗剂等，适用于更多种类的污染物的处理。

（二）存在的问题

在土壤淋洗修复过程中，由于使用了人为添加的化学、生物物质等，土壤质量（如土壤中的微生物含量）可能会受到一定的影响。在土壤淋洗修复后，一般需采用适当的农艺措施加快土壤质量的恢复进程。

采用人工络合剂虽可取得较高的淋洗效率，但这些化学物质难以被生物降解，可能会向地下迁移而污染地下水，需要筛选、选用无毒或毒性较小、易生物降解的淋洗剂来提高淋洗修复技术的可接受性。另外，采用异位土壤淋洗技术便于回收淋出液进行后续处理，能很好地起到降低二次污染的可能性。

在实际情况下，土壤中的污染物可能会在不同的介质中存在，单靠土壤淋洗修复技术不能很好地解决问题，需要结合其他的土壤修复技术，设计更全面的修复工程方案来解决一些实际的污染问题。

在处理某些特殊污染土壤时不能单靠一种治理方法，淋洗修复技术作为污染治理的前处理步骤，具有广阔的应用前景。如在对核污染土壤的治理中，放射性核素或重金属的浓度较大，具有较强的生物毒性，不利于生物处理，经过淋洗技术的预处理，能有效增强之后生物处理的效果。

如何从淋出液中回收利用化学助剂，成为制约土壤淋洗修复技术广泛用于工程实践的一个主要问题；如何降低化学助剂成本及实现土壤淋洗修复技术与其他修复技术的有效组合，会是未来研究的主要方向。土壤淋洗修复技术在未来土壤修复中，具有较为广阔的应用前景。

四、溶剂浸提修复技术

溶剂浸提修复技术是一种利用溶剂将有害化学物质从污染土壤中提取或去除的技术。该技术主要适用于处理多氯联苯、二噁英、呋喃、多环芳烃、除草剂等。

溶剂萃取是在20世纪迅速发展起来的一种分离技术。它利用溶质在两种互不相溶或部分互溶的溶剂之间分配性质的不同，来实现液体混合物的分离或提纯。

土壤的溶剂萃取技术属于液-固相萃取的范畴，是向土壤中加入某种溶剂，利用污染物在某些溶剂中的溶解性，将可溶解的污染组分溶解使其进入溶剂相，从而实现污染物与土壤分离的一种异位土壤修复方法。由于溶剂萃取不会破坏污染物，因此污染物经溶剂萃取技术收集和浓缩后，可以回收利用或者用其他技术进行无害化处理，而溶剂则可以利用蒸馏或者其他技术与污染物分离并进行循环利用。

溶剂萃取技术具有选择性高、分离效果好和适应性强等特点，易于实现大规模连续化生产，因此近些年在土壤修复领域成为研究热点。

（一）溶剂萃取过程机理

溶剂萃取技术的运行过程主要分为以下几个步骤：

（1）对土壤进行预处理，除去土壤中的大块石头和植物残骸。

（2）将过筛后的土壤加入萃取设备中，溶剂与土壤经过充分混合接触后，可使得污染物溶解到溶剂中。

（3）将萃取剂与土壤分离。

（4）通过一定的分离手段，使萃取剂与污染物分离，萃取剂可循环使用，污染物经过浓缩后可回收有价值的组分或者进行下一步无害化处理。

（5）处理土壤中的残余溶剂，达到一定标准后，将土壤回填。

溶剂萃取过程中的传质机理包括以下步骤：

（1）溶剂通过液膜到达土壤颗粒表面。

（2）到达土壤颗粒表面的溶剂通过扩散进入土壤颗粒内部。

（3）溶质溶解进入溶剂。

（4）溶入溶剂的溶质通过土壤孔隙中的溶液扩散至土壤颗粒表面。

（5）溶质经液膜传递到液相主体。

一般情况下，溶质或者溶剂在孔隙中的扩散往往是传质阻力的控制步骤，因此，随着萃取过程的进行，萃取速率将越来越慢。

（二）适用范围

溶剂萃取技术主要采用"相似相溶"原理，可以根据分离对象的特点（污染物的分子结构和极性）和分离要求选择适当的萃取剂及流程，适用范围较广，可用于多种污染物的去除。溶剂萃取技术的适用范围如下：

（1）对于易溶于水的污染物，可以选择水作溶剂。

（2）对于不溶于水的极性较低的溶质，可以选择低沸点的碳氢化合物，如己烷、戊烷、乙醚等。

（3）对于不溶于水的极性较高的溶质，可选用醇类、酮类、酯类或者混合溶剂。所以，溶剂萃取技术特别适合分离和去除污泥、沉积物、土壤中危险性有机污染物，如多氯联苯、杀虫剂、除草剂、多环芳烃、焦油、石油等。这些污染物通常都不溶于水，而且会牢固地吸附在土壤以及沉积物和污泥中，从而使得用一般的方法难以将其去除，而对于溶剂萃取，只要选择合适的溶剂，则可以有效地溶解并去除相应的污染物。溶剂萃取通常在常温或较低温度下进行，分离所需的能耗低，特别适用于热敏性物质的分离。

（三）萃取剂的选择

在使用溶剂萃取修复技术修复石油污染土壤的过程中，由于石油污染物成分复杂，筛选出选择性强、去除效率高的萃取剂，成为溶剂萃取技术的关键。近年来，国内外很多学者开展了有关应用溶剂萃取技术处理土壤中有机污染物方面的研究，开发出一系列有机溶剂、混合溶剂和表面活性剂等高效萃取剂。由于当今世界各国对环保的呼声越来越强烈，一些绿色、无毒无污染、易于生物降解的萃取溶剂，如环糊精、植物油和超临界流体成为当前国内外研究人员的研究热点。

1. 有机溶剂

溶剂萃取技术通常用于去除土壤、沉积物和污泥中的有机污染物，一般适用于溶剂萃取技术清除的有机物污染物为多氯联苯、多环芳烃、挥发性有机化合物、卤代有机溶剂和石油产品等。溶剂萃取技术中常用的有机溶剂有三乙胺、丙酮、甲醇、乙醇、正己烷等。

琼森等用乙醇来萃取被多氯代二苯并-对-二噁英和多氯代二苯并呋喃污染的土壤，结果显示采用乙醇萃取是一种非常有效的修复方法。席尔瓦等研究了用乙酸乙酯-丙酮-水（体积比为 5∶4∶1）混合溶剂萃取土壤中的柴油烃类污染物，这些污染物由二甲苯、萘和十六烷复合而成，结果显示所用溶剂对这些烃类污染物的去除率都达到了 90％ 以上。李等研究了丙酮、正己烷混合溶剂治理高浓度石油污染土壤，结果表明，当丙酮在体积分数为 25％、液固体积比为 6∶1 的条件下，石油污染物去除率达到 97％。拉巴巴等研究了一系列有机溶剂用来萃取土壤中的荧蒽，包括二氯甲烷、甲醇、乙醇、甲基酮、二甲基乙酰胺、乙酸丙酯、乙酸丁酯、甲苯和环己烷-乙醇（体积比为 3∶1）混合溶剂等。结果表明，环己烷-乙醇（体积比为 3∶1）混合溶剂是最合适的萃取剂，不仅仅因为它具有将近 93% 的高效萃取效率，还因为它是一种绿色清洁溶剂。

2. 表面活性剂

表面活性剂是指能够显著降低溶剂表面张力和液-液界面张力并具有一定结构、亲水亲油特性和特殊吸附性质的一类物质。表面活性剂可以作为一种添加剂来增加多环芳烃的水溶性，提高溶剂萃取效率。表面活性剂是由极性的亲水基头和非极性的疏水基尾两部分组成的。表面活性剂由于其特殊的结构而易于吸附在两相界面上，使两相间的界面张力降低。

阿恩等研究了 4 种不同的非离子型表面活性剂 Tween40、Tween80、Brij30 和 Brij35 对菲污染土壤的萃取作用。研究发现，Brij30 在质量浓度为 2g/L 时，对菲的去除率最高，达到 84.1%。周等研究了一种从植物中提取出来的表面活性剂无患子提取物对菲污染土壤的萃取作用，菲的去除率最大可达到 87.4%。

3. 环糊精

环糊精为 D-吡喃葡萄糖单元由 1,4-糖苷键以椅式构象相结合而形成的环状低聚糖。环糊精结构如同一个中空的圆台，外表面有 7 个伯羟基位于空腔的细口端，14 个仲羟基位于空腔的阔口端。空腔内部只有氢原子及糖苷氧原子，具有疏水性，而空腔端口的羟基使环糊精外部具有亲水性。在用溶剂萃取法治理石油污染土壤时，环糊精可以作为有机溶剂和表面活性剂的替代品。因为其特殊的结构，环糊精可以将污染物分子全部或者部分包于其中间的空腔中形成复杂的化合物，而空腔端口的亲水基团可使其溶于水中，这样可以加速多环芳烃在土壤中的脱附，是一种无毒无害、易降解的绿色溶剂。

4. 超临界流体

超临界流体是指处于临界温度与临界压力以上的流体。在超临界状态下，流体兼有气液两相的双重特点，既具有与气体相当的高扩散系数和低黏度，又具有与液体相近的密度和对物质良好的溶解能力。特别是在临界点附近，温度和压力的微小变化往往会导致溶质的溶解度发生显著变化。利用超临界流体的这个性质进行分离操作效果很好，而且过程无相变，萃取速度快，能耗较低。与传统的溶剂萃取法相比，超临界流体萃取是一项具有许多优势的分离技术。常见的超临界流体有二氧化碳、氨、乙烷、丙烷、丙烯、水等。

阿维拉-查韦斯等利用超临界乙烷来修复总石油烃（TPH）和多环芳烃（PAHs）污染的土壤。研究发现，在27.1MPa、308.15K条件下，TPH的去除率达到90%；在23.7MPa、308.15K条件下，PAHs的去除率在80%以上。

（四）溶剂萃取影响因素

1. 土壤性质

土壤中石油类污染物的去除率与土壤的性质密切相关，包括土壤质地、土壤有机质含量、土壤含水率等。在砂质土壤中，由于土壤空隙率大，溶剂扩散进土壤颗粒内部的阻力较小，所以石油污染物比较容易去除，而当土壤粉土和黏土含量较高时，土壤通透性较差，同时由于其比表面积较大，对污染物具有强烈吸附作用，会大大降低污染物的溶出效率。土壤矿物的性质也会影响污染物的吸附，如高岭石对多环芳烃的吸附通常较弱，较易去除。土壤有机质的含量与污染物的吸附量成正比，土壤有机质含量较高时不利于污染物的去除。土壤中的水分含量对石油组分脱除的影响也较大。脱油率随着含水率的增大而不断下降。这是因为随着土壤中含水率的增大，会在溶剂与含油土壤的接触界面处形成一层水膜，减少了液固两相间的接触面积，进而影响到石油污染物从土壤迁移到溶液中的迁移效率。

2. 污染物性质及老化时间

一些学者研究发现，石油污染物的性质和老化时间与其去除率密切相关。对原油来说，其组分比较复杂，各组分与土壤结合的紧密程度不同，去除的难易程度也不尽相同。对于饱和酚和芳香酚等轻质组分较易去除，对于胶质和沥青质等重质成分，由于其分子质量大、黏度高，强烈吸附在土壤中，较难去除。而当石油在土壤中老化时间较长时，轻组分挥发，剩余重组分强烈吸附在土壤中，不易除去，老化时间越长越不易去除。

3. 萃取剂性质

溶剂萃取修复技术是根据"相似相溶"原理，将石油污染物溶解在溶剂中进而除去的技术。萃取剂的选择直接影响着石油污染物去除率的高低；溶剂的界面张力对萃取操作具有重要影响，界面张力过小，易发生乳化现象，使两相较难分离；溶剂的黏度对分离也有重要的影响，溶剂的黏度低，流动性好，有利于流动与传质。同时，考虑到安全性、经济性和不造成二次污染，萃取剂还应具有较高的化学稳定性、热稳定性，及无毒无害、不易燃易爆。

（五）萃取工艺条件分析

1. 液固比

液固比是指萃取剂的体积与污染土壤的质量之比。Silva 等研究了在液固比为 1∶1、2∶1、4∶1、8∶1 的条件下，丙酮-乙酸乙酯-水体系对石油烃污染土壤的修复。结果表明，随着液固比的增加，污染物的去除效率增大。廉景燕等研究发现，增加液固比，可以明显改变污染物在土壤中的脱附平衡常数，但当液固比从 6∶1 增大到 8∶1 时，平衡常数变化不大。因此，液固比的选取要合适，液固比过小，污染物去除效率低；液固比过大，则会增加设备的负荷量，同时也大大增加萃取剂的消耗量和废液产生量。

2. 萃取时间

土壤中石油类污染物的去除效率随时间增加而提高，并在一段时间后趋于稳定，达到平衡。因此，萃取时间不宜过长。时间过长，一方面会增加费用，另一方面有可能使油剂形成乳化液，不利于后续废液的处理和回用。

3. 强化措施

为了提高污染物的去除效率，一些研究人员在强化措施方面展开了研究，强化措施主要有搅拌和超声处理等。

土壤中石油类污染物的去除效率一般随搅拌强度的提高而提高。这是由于提高搅拌强度一方面能增强土壤颗粒表面之间的摩擦作用，克服土壤颗粒与污染物分子之间的作用力，另一方面能促使萃取剂与污染物充分作用，使污染物更易从土壤中脱附。

近年来，学者在超声辅助萃取方面展开研究，发现超声可击碎土壤颗粒，促使萃取剂进入土壤颗粒内部而发挥作用，显著促进有机污染物从土壤上解析，提高土壤中污染物的去除率。

土壤污染中的植物修复技术实践应用

一、植物修复技术的特点

植物修复技术对土壤环境扰动少，一般属于原位处理，与物理的、化学的和微生物的处理技术比较而言，具有很多不可比拟的优势。植物修复技术的优势有以下几个方面：

（1）利用植物修复技术修复污染土壤，符合可持续发展的理念。植物修复技术以太阳能为驱动力，基本不需要消耗其他能源。

（2）植物修复技术的开发和应用潜力巨大。地球上的植物资源非常丰富，可选植物种类很多，筛选修复植物的潜力巨大。另外，通过转基因等分子生物学技术的支持，还可拓宽或加强植物修复污染土壤的能力。

（3）植物修复技术在修复污染土壤的同时也有利于改善周围生态环境。植物的提取、挥发、降解作用可以永久性地解决土壤污染问题；植物的固化/稳定化技术可增加地表的植被覆盖，使地表长期稳定，防止风蚀、水蚀，减少水土流失；植物的蒸腾作用可以防止污染物质对地下水的二次污染；等等。这些作用有利于野生生物的繁衍和生态环境的改善。

（4）在利用植物修复技术修复污染土壤的过程中，植物的生长代谢可以增加土壤有机质含量和土壤肥力，修复后的土壤适合多种农作物的生长。

（5）植物修复技术工艺操作简单、成本低廉，可作为物理、化学修复技术的替代方法。据美国坎宁安等的研究实践，用植物修复 $1m^2$ 土地的种植及管理费用仅为 $0.02 \sim 1.0$ 美元/年。

（6）对富集植物的集中回收处理可减少二次污染，重金属超积累植物中积累的重金属可通过植物冶炼技术进行回收，尤其是贵重金属，创造经济效益。

（7）植物修复过程易于为社会接受。从技术应用过程来看，它是环境可靠的、相对安全的技术，不会破坏景观生态，同时植物修复的过程也是绿化环境的过程，因此减少了公众的担心，可以在大面积污染范围内实施。

鉴于植物修复技术的一些特性，其存在以下几方面的问题：

（1）修复植物的正常生长需要阳光、温度、水分、气候、热度、土壤肥力、盐度、酸碱度、排水与灌溉系统等适宜的环境因素，同时也会受到病、虫、草害的影响，同时植物以及微生物的生命活动十分复杂，导致影响植物修复的因素很多，因此存在极大的不确定性。

（2）做好植物修复污染土壤的工作需要多学科协同作业，包括植物分类学、植物生理学、植物病理学、植物保护学、植物毒理学、作物育种学、作物栽培学、耕作学、微生物学、基因工程等各方面的科学技术支持，因此协同作业不到位会对植物修复产生限制。

（3）一种超富集植物通常只能富集一种或两种重金属，土壤中若含有多种重金属且浓度较高，则会导致植物中毒。因此，要对不同污染物种类及不同污染程度的土壤有针对性地选择不同类型的超富集植物，这限制了植物修复技术的应用。

（4）植物修复过程比物理、化学修复过程缓慢，超富集植物的一个生长周期往往需要几周、几个月甚至几年才能完成。修复植物单季生物量积累有限，生物量小，往往要经过几个生长季甚至几年的种植才能达到修复要求，因而修复时间长、效率低。

（5）植物修复技术对污染物形态有要求，只能利用可利用的形态，并且在植物器官涉及的范围内，如植物修复只能在其根系涉及的范围内，对土壤中过深的污染便力所不逮。

（6）随着植物的周期性生长，富集重金属的植物器官会通过落叶、腐烂等途径使重金属元素重新返回土壤中，造成土壤重新被污染，因此须在富集重金属的植物器官返回土壤之前收割，并做无害化处理。

（7）用于修复的植物可能会与当地植物存在竞争，引发生物入侵的生态环境问题。

植物修复技术作为一个新兴的研究领域，虽然在理论、技术上不够成熟，经验也少，但它以巨大的应用潜力日益受到人们的重视。

二、植物修复机制

污染土壤植物修复的机制是利用部分植物在自然生长过程中，通过自身的光合作用、呼吸作用、蒸腾作用和分泌作用等代谢活动，与土壤中的污染物质和微生态环境发生交互反应，从而通过吸收、分解、挥发、固定等过程修复污染土壤。植物修复技术修复污染土壤的主要机制有这样几种：

（1）植物直接吸收污染物，污染物不经代谢而直接在植物组织中积累。

（2）通过降解将污染物的代谢产物积累在植物组织中。

（3）通过转化将有机物完全转化成无毒或低毒的化合物。

（4）通过植物释放的酶类，将有机污染物分解成毒性较小的有机化合物。

（5）通过植物根际的作用，提高微生物（包括细菌和真菌）的活性，以此促进有机物的降解。

（一）植物富集

植物修复技术对污染土壤的修复是通过植物自身的新陈代谢活动来实现的。在植物的新陈代谢过程中，植物不断地从土壤当中吸收水分和营养物质，同时也伴有对污染物质的吸收、排泄和积累过程，即植物富集，也称为植物吸收或植物萃取。

植物可以广泛地吸收土壤中的污染物，除了有的物种会表现出对某种物质或某些元素的选择性吸收或抗拒外，对大多数物质并没有绝对严格的选择作用，只是对不同的元素表现出不同的吸收能力。

1. 植物吸收和排泄

根部是植物的主要吸收器官，其表面具有非常大的表面积和高亲和性化学元素受体，能特异地吸收无机元素营养，如从其生长介质土壤或水体中吸收水分和矿质元素。在吸收营养元素的过程中，根表面也会结合和吸收许多化学污染物，整个吸收过程包括植物根表面吸收，根表皮细胞膜上运输、排泄、重金属在植株体内运输、转化和富集等。植物的其他器官如叶片，也可以进行吸收作用，但作用很小，且只有当角质层被水湿润的条件下才可以。

植物对污染物质的吸收能力受几方面因素的影响，最主要的影响因素是其本身的遗传机制。除此之外，还与土壤理化性质、根际圈微生物区系组成、土壤溶液中污染物质存在的形态、浓度大小等因素有关。

（1）根表面吸收

植物通常具有较为发达的根系，根系的极大根表面积在吸收土壤中的营养物质的同时，也会吸收环境当中的各种污染物。植物根系表面的吸收是化学物质进入植物体内最重要的途径。但是，由于根系周围土壤中的黏性颗粒、腐殖质等各种微粒物质具有吸附作用，降低了金属物质的可溶性，所以植物根系在土壤中的实际吸收效率比较低。

（2）根表皮细胞吸收

植物根系对重金属污染物的吸收主要是通过根表皮细胞，这个过程是通过根表皮细胞膜上的转运蛋白系统进行的主动运输。植物根系主动运输的调节机制也同样适用于重金属的吸收过程；例如有机酸对重金属的吸收效率有显著的促进或抑制作用，组氨酸、十二烷基磺酸钠、EDTA 等多数有机酸有促进吸收的作用；柠檬酸能够阻碍金属离子的吸收，特别是 Al^{3+}；降低土壤 pH 会增强金属离子的溶解性，从而提高根系吸收速率。

另外，根表面吸收机制也可能与螯合离子交换和选择性吸收等物理化学共同作用有关。植物根系对有机污染物的去除效率与有机污染物的亲水性有关，对 BTX（苯、甲苯和二甲苯）、氯代溶剂和短链脂肪族化合物等这类中等亲水性有机污染物的去除效率较高。

污染物被根系吸收后有两个去向，一部分滞留在根部，另一部分转移到植物地上部分。其去向与该物质的亲水性有关，易溶于水的有机物较容易进入植物体内，运输到地上部分；疏水有机化合物因为易于被根表强烈吸附，而很难进入植物体内。

（3）排泄

植物作为一个生物体，不断地从自然界中吸收养分进行新陈代谢，那也必然会向自然界中排泄体内多余的物质和代谢废物。植物排泄的主要方式有分泌或挥发，其界限一般很难分清。

植物发挥分泌功能的主要器官是植物的根系，除此之外还有茎、叶表面的分泌腺。在这些组织细胞中，将一些无机离子、酶、激素、糖类、单宁等化合物或一些不再参加代谢的活动物质从原生质体分离，或将原生质体的一部分分开，即分泌现象。

挥发性物质主要通过植物叶片的气孔和角质层中间的孔隙，随水分的蒸腾作用扩散到大气中，但也有少量挥发性物质随分泌器官的分泌活动排出植物体外。

植物排泄的方式主要有三种：

（1）某种物质经过根吸收后进入植物体内，在植物体内运输到叶或茎等地上器官排出去，如高粱叶鞘被发现可以分泌一些类似蜡质的物质，就是一种排泄行为。

（2）某种物质经叶片吸收后，在植物体内运输到根部，通过根部的分泌进行排泄行为，如1,2-二溴乙烷通过烟草的叶片吸收，然后从根部排泄出去。

（3）当植物从自然环境中吸收的污染物达到一定含量，就会对植物产生毒害作用，抑制植物生长甚至导致死亡。这时，植物为了生存，也会通过分泌脱落酸等一些激素，使污染物含量高的器官加速衰老、脱落，以这种排泄方式来减少植株体内的污染物含量。

2. 重金属的富集

在正常状态下，植物的吸收、排泄始终是一个动态平衡的过程，进入植物体内的污染物也会随之吸收、排泄，但大多数污染物会因其与植物蛋白质、多肽的高亲和性而在植物组织中积累，使其在植物体内含量不断增加，形成富集现象，这便是修复的基础。

生物富集系数通常用来表示植物对某种元素或化合物的积累能力，即植物体内某种元素的含量与土壤中该种元素含量的比值。

在长期的生物进化中，生长于重金属含量较高的土壤中的植物，可产生适应重金属胁迫的能力。有些植物的适应能力体现在选择性吸收，对重金属元素选择不吸收或少吸收，这类植物可以用作恢复重金属污染土壤植被时的先锋物种。有些植物可以吸收并富集重金属，但将重金属富集在根部，这类植物也可用于重金属污染土壤的治理，但要注意收割时应尽量连根收走。这两种类型的植物都不能被称为超富集植物。

超富集植物是在高浓度重金属的环境中能够正常生长，进行新陈代谢，同时能超量吸收重金属，在植物体内累积，并将其转移到地上部分的特殊植物，也称为超积累植物。因此，超富集植物应同时具有三个基本特征：

（1）植物超富集某种重金属不会对其生长产生毒害作用。

（2）植物地上部分的重金属含量大于其地下部分该重金属的含量。

（3）植物地上部分重金属含量是普通植物同一生长条件下的100倍。

对于超富集植物的判定，常用植物地上部分重金属含量作为判断的指标。

然而，环境当中各种重金属的背景值不同，因此，对超富集植物的判定浓度也随之不同。目前发现的超富集植物及其富集重金属的典型浓度如表 3-4 所示。超富集植物的超富集也有其饱和值，当植物吸收达饱和状态时，植物对污染物质的富集基本不再增加。

表 3-4　国内外发现的主要重金属超富集植物

重金属元素	典型浓度（干重）/（mg/kg）	主要植物种类
Ni	5000	爵床科、菊科、十字花科、大风子科等
Zn	10000	天蓝遏蓝菜、东南景天、木贼、香附子、东方香蒲（春季）、长柔毛委陵菜、水蜈蚣等
Cd	100	天蓝遏蓝菜、芥菜型油菜、宝山堇菜、龙葵等
Cu	5000	高山甘薯、金鱼藻、海州香薷、紫花香薷、鸭跖草等
Co	5000	麦瓶草、海石竹
Pb	1000	圆叶遏蓝菜、苎麻、东南景天、蜈蚣草、鬼针草、木贼、香附子

迄今发现的超富集植物有 700 余种，分布于约 50 个科。其中，绝大多数都是属于镍的超富集植物，有 329 种，隶属于爵床科、菊科等 38 个科；铜的超富集植物 37 种，隶属于唇形科、鸭跖草科等 15 个科；钴的超富集植物 30 种，隶属于石竹科、白花丹科等 12 个科；锌的超富集植物 21 种，隶属于十字花科、莎草科等 7 个科；铅的超富集植物 17 种，主要分布在十字花科、菊科等 8 个科；锰的超富集植物 13 种，主要分布在夹竹桃科、卫矛科等 7 个科。

超富集植物能忍受根系和地上组织细胞中高浓度的重金属，主要是通过植物体内液泡的分室化作用和有机酸的螯合作用降低了重金属的毒性。研究表明，在组织和细胞水平上，重金属都存在区隔化分布：在组织水平上，重金属主要分布在表皮细胞、亚表皮细胞和表皮毛中；在细胞水平上，重金属主要分布在质外体和液泡。重金属进入根细胞之后，以游离金属离子形态存在，当游离金属离子过多就会产生毒害作用，因而重金属可能与细胞质中的有机酸、氨基酸、多肽和无机物等结合，通过液泡膜上的运输体或通道蛋白转入液泡中。但对于超富集植物，重金属被积累在液泡中，不利于其转运到地上部分，所以在超富集植物的液泡膜上，可能存在一些特殊的运输体，可以把液泡中的重金属装载到木质部导管，进而向上运输。植物根部根毛区细胞结构如图 3-11 所示。

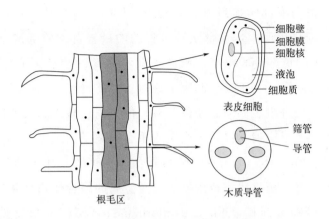

图 3-11　植物根部根毛区细胞结构

液泡并非重金属的唯一富集部位，如 Cd 可以分布在质外体中；在某种 Ni 的超富集植物中，Ni 主要富集在表皮细胞或绒毛中。Pb、Cu 等这类与细胞壁具有高度亲和力的重金属，在蹄盖蕨属植物中，有 70%～90% 的重金属以离子形式存在于其细胞壁的纤维素、木质素上。对 Cu 来说，叶绿体是重要的分布位点。

超富集植物除可以从土壤环境中吸收积累较高浓度的重金属之外，还需要具有能将根部重金属转移到地上部分的能力，即具有转运系数大于 1 的特征。转运系数也称为位移系数（translocation factor，TF），即植物地上部分某种元素含量与植物根部该元素含量的比值。一般植物根部 Zn、Cd、Ni 的含量比植物地上部分高，而超富集植物则是植物地上部分的重金属含量超过植物根部。

土壤中的溶解态重金属可通过质外体或共质体途径进入根系，大部分金属以离子形态或金属螯合物形式借助于相应的离子载体或通道蛋白进入根系。有研究证实，运输蛋白在金属离子的跨质膜运输中起调控作用，超富集植物能够大量地从土壤中吸收金属离子，可能原因就是其根细胞膜上有更多的运输蛋白。此外，超富集植物对重金属的吸收的选择性很强，一种植株只吸收和积累生长介质中的一种或几种特异性金属，其可能的原因也在于专一性运输蛋白或通道蛋白调控所致。但 Ni 超富集植物布氏香芥离体的根系对 Ni、Co、Zn 有相同的积累，说明其根系对金属吸收没有选择性，其对金属的选择性积累可能发生在木质部装载过程中。

重金属一旦进入植物根部，可储存在植物根部或运输到植物地上部分。

重金属离子从植物根部转移到地上部分的过程中，首先从木质部薄壁细胞转载到导管。有资料表明，木质部装载过程的能量来自木质部薄壁细胞膜上的 H-ATPase 产生的负性跨膜电势。阳离子在木质部的装载可能通过阳离子-质子反向运输体、阳离子-ATPase 和离子通道。在此过程中，可能是由于离子运输体或通道蛋白促进重金属向木质部装载，但目前还缺乏直接证据。但是，木质部细胞壁的阳离子交换量高，这会阻碍重金属离子向地上部分运输，故非离子态的金属螯合复合体，如 Cd-柠檬酸复合体在蒸腾流中的运输更有效。所以，一旦重金属进入植物组织或细胞，对重金属的络合作用是其运输方式的主要机制之一，植物金属硫蛋白（metallothionein，MT）、植物螯合肽（phytochelatin，PC）、游离的有机酸等物质在此过程中起重要作用。重金属离子进入导管后，在导管中的运输主要受根压和蒸腾流的作用。Hg^{2+}、Cd^{2+}、Ni^{2+}、Cu^{2+} 等与硫共价结合的金属离子能够与 MT、PC 中半胱氨酸残基上的巯基共价结合而形成络合物，随着这些蛋白一起被转运，最终在某组织部位中沉积。另外，有机酸通过螯合作用可以促进重金属的运输，例如在一种 Ni 超富集植物的提取物中，发现了 18％的 Ni、24％的柠檬酸和 43％的苹果酸，三者摩尔比为 1∶0.4∶1，植物体内的 Ni 主要是和柠檬酸络合。植物运输重金属的速度越快，说明其超积累能力越强。

（二）植物降解

植物降解是指某些植物通过自身的新陈代谢作用代谢、分解有机污染物，使其转变为小分子物质，毒性降低或完全消失，也称为植物转化。

1. 植物体内酶的作用

植物体能够释放出促进生物化学反应的酶，通过多步催化氧化反应过程，将有机污染物分解成毒性较小的有机化合物。直接降解有机污染物的酶类主要为硝酸盐还原酶、漆酶、脱卤酶、过氧化物酶、谷氨酰胺合成酶和腈水解酶等。如硝酸盐还原酶和漆酶可降解三硝基甲苯（TNT）等废弹药，杨树和茄科植物能从土壤中迅速吸收 TNT，并在体内降解为 2-氨基-4,6-二硝基甲苯，最后转化为脱氨基化合物。脱卤酶可降解三氯乙烯（TCE），先生成三氯乙醇，再生成氯代乙酸，最终产物为 Cl^-、H_2O 和 CO_2。硝酸盐还原酶、亚硝酸还原酶和谷氨酰胺合成酶的降解能力与植物体内 NO_2^- 的代谢有关。

细胞色素 P450 是由构建膜和可溶态物质组成的一种多功能酶,位于细胞质和分离的细胞器上,能催化氧化反应和过氧化反应,大大增加了植物的脱毒能力。如植物体内 PCBs 的氧化降解,主要是依靠细胞色素 P450 的催化作用。

植物体内还有一种微粒体单氧化酶,能使单环和多环芳烃转化为羟基化合物而被植物体吸收利用。

植物体内酶活性和数量往往有限,因此降解能力也较弱。但是通过基因工程手段,将编码高效降解酶的基因转入特定植株后,可提高植物修复效率。如将人的细胞色素 P450 基因转入烟草后,转基因植株氧化代谢三氯乙烯和二溴乙烯的能力提高了约 640 倍。

2. 植物络合作用

植物络合作用是指重金属离子与植物中对重金属具有高亲和力的大分子结合形成络合物。超富集植物体内的有机酸、氨基酸和植物金属硫蛋白(MT)等与重金属络合后,使其以非活性态存在,减少其毒性,同时促进重金属的运输。如柠檬酸盐与金属的络合作用可解除 Ni 对超积累植物叶面的毒害。其他的有机酸化合物,如草酸、苹果酸、氨基酸等都有解毒功能。

金属结合蛋白是一类对金属离子具有亲和能力的蛋白质,其具有富含 His、Cys 等氨基酸的结构特征。目前用于重金属修复研究的金属结合蛋白,主要来源于生物体、人工合成和生物文库筛选。植物金属硫蛋白(MT)和植物螯合肽(PC)是目前发现的两种主要重金属结合蛋白,它们与金属离子络合形成复合物,从而降低、富集或消除金属离子对植物细胞的毒性。Cd^{2+}、Pb^{2+}、Cu^{2+}、Zn^{2+}、Ag^+、Hg^{2+} 等很多重金属离子都可诱导 PC 合成,并能与 PC 形成复合物。PC 可存在于根际环境和植物体内,液泡中金属的多价螯合作用,能帮助植物避免重金属中毒。如天蓝遏蓝菜的根从土壤中吸收 Zn^{2+} 后转移到地上部分时,优先储存于叶的表皮细胞中的液泡里,从而起到解毒作用。

3. 植物同化作用

有些污染物可以作为植物生长所需营养元素,将其同化到自身物质组成中。一些高等植物如黑麦草,能从土壤环境中大量地吸收苯并芘、苯并蒽、二苯并蒽等致癌性芳香烃类物质作为生长元素。

植物降解污染物的产物可以通过木质化作用同化成为植物体自身的组成部

分，或转化成为无毒性的中间代谢物储存在植物细胞中。环境中大多数含氯溶剂和短链的脂肪化合物都是通过这一途径去除的。

4. 羟基化作用

羟基化作用是植物的一个脱毒机制，如除草剂转化形成的烷基基团，羟基化生成尿素可被植物吸收利用。多环芳烃（PAHs）在植物体内的转化反应主要是羟基化作用，植物吸收 PAHs 后发生氧化降解，芳环上的大部分 C 原子被结合到脂肪族化合物中，变成了低分子量物质，一部分进一步氧化降解，一部分被植物吸收利用。

微粒体单氧化酶可使单环和多环芳烃转化为羟基化合物。在植物体内，这一过程已被苯、萘和苯并芘的氧化所证实。

（三）植物固定

植物固定是通过植物根系沉淀、螯合、氧化还原等多种过程，降低污染物的移动性或生物有效性，并防止其进入地下水和食物链，从而减少其对环境和人类健康的污染风险。重金属污染土壤的植物固化技术，主要目的是对采矿、冶炼厂废气干沉降、清淤污泥和污水厂污泥等污染土壤的复垦。适用于植物固化技术修复土壤污染的植株应能够耐受土壤中高浓度的污染物，并且通过根部物理固定、螯合、缔合或还原等作用固定污染物。植物固定机制有以下几种。

1. 物理固定

通过植物根的固着力把包含污染物的土壤固定在原地；通过根的吸附作用，防止污染物风蚀、水蚀和淋失等，减少二次污染。

2. 螯合作用

有机物和无机物在具有生物活性的土壤中，不同程度地进行着化学和生物的螯合，这种螯合会降低植物修复的有效性，同时也降低了淋失。这种螯合作用，包括有机物与木质素、土壤腐殖质的结合，金属沉淀及多价螯合物存在于铁氢氧化物或铁氧化物包膜上，而这些包膜形成于土壤颗粒之上或包埋于土壤结构的小孔隙之中。螯合作用降低了污染物的活度，降低了溶解态化学污染物在土壤中的流动性，将污染物稳定在污染土壤中，防止污染物在土壤中迁移和扩散，或经空气进入其他生态系统。

3. 缔合作用

缔合作用是指不引起化学性质改变的同种或不同分子间的可逆结合作用。在植物-污染物的土壤环境中，进行着不同程度的化学和生物的缔合作用，从而降低了土壤溶液中污染物的浓度，降低了污染物转移到水体或大气中的可能性。

当然，植物固定修复方式并不是相互独立的，而是经常同时起作用的。但是，植物固定的弊端是这种方式只是暂时将污染物固定，并没有将环境中的污染物彻底去除，如果环境条件发生变化，污染物的形态和生物可利用性往往会发生改变，重新污染环境。因此，植物固定方法要慎用。

（四）　植物挥发

植物挥发是利用植物的吸收、积累和蒸发而减少土壤中一些挥发性污染物，即植物将污染物吸收到体内后将其转化为气态物质，通过叶面释放到大气中，达到减轻土壤污染的目的。植物的蒸腾作用驱动小分子物质在叶片中运输、转化，有的被利用，有的被挥发到大气中。但利用植物挥发去除土壤污染物，应以不构成生态危险为限。

一些植物能在体内将 Hg 和 As 等甲基化而形成可挥发性的分子，释放到大气中去。已有的研究主要是针对易于形成生物毒性低的挥发性重金属元素 Hg 进行的。

Hg 在环境中以多种状态存在，包括元素 Hg、无机 Hg 离子（$HgCl$、HgO、$HgCl_2$ 等）和有机汞化合物 $[Hg(CH_3)$、$Hg(C_2H_5)$ 等]。金属汞在常温下以液态存在，并容易挥发。燃煤、工业废弃物排放、火山喷发等可将汞带入土壤，并与黏粒矿物结合。无机汞在污染的土壤和沉积物中是相对较难移动的，且通过生物和化学过程，可以转变为毒性很强、生物有效性很高的甲基汞，对环境危害最大，且易被植物吸收。传统治理汞污染土壤造价昂贵，且需要挖出土体。利用植物挥发能便捷、有效地去除环境中的汞。一些耐 Hg 毒的细菌体内含有一种 Hg 还原酶，催化 $Hg(CH_3)$ 和离子态 Hg 转化为毒性小得多、可挥发的单质 Hg，因而可运用分子生物学技术将细菌的 Hg 还原酶基因转导到植物中，再利用转基因植物修复 Hg 污染土壤。

在普通植物体内，As 主要积累在根系中，较少向地上部分运输。植物代谢或者植物与微生物复合代谢，也可形成甲基砷化物或砷气体。

白杨树能把所吸收的三氯乙烯（TCE）中的 90％蒸发到大气中。植物的茎、叶、根中都可检测出 TCE 的氧化挥发及 2,2,2-三氯乙烷、2,2,2-三氯乙酸和 2,2-二氯乙酸 3 种中间产物。

三、重金属污染土壤的植物修复技术

目前关于无机污染物污染土壤的植物修复主要集中于对重金属的污染修复。重金属与有机物性质截然不同，它不能被生物降解，只有通过植物的吸收、积累从土壤中去除。

（一）植物富集

植物富集是利用超富集植物，吸收一种或几种重金属污染物，特别是有毒金属，并将其转运、储存到植物茎、叶等可收割部位，然后收割茎、叶，经过热处理，微生物、物理、化学处理，去除土壤中重金属污染。如果所富集的元素具有回收价值，还可进行植物采矿。

植物修复的效率通常以单位面积植物所能提取的重金属总量来表征。

利用植物富集来修复重金属污染土壤，修复效率主要取决于植物体内重金属的含量和修复植物的生物量。现今发现的生物量最大的超富集植物之一是蜈蚣草，在野外条件下其生物量最高可以达到每平方千米 3600t，并且能够富集砷的浓度最高可达 2.3％。目前，国内已建立了砷污染土壤的植物修复基地，每年的砷修复效率可达 8％以上。印度芥菜生物量大，生长快，对多种重金属均具有耐性和富集能力。它虽然不是典型的超富集植物，但茎中铅含量可高达1.5％。它除富集铅外，也可吸收并积累铬、镍、锌、镉、铜等金属，被认为是一种较好的植物修复材料。

最早发现的超富集植物是针对镍的，随着大量镍超富集植物的发现，国际上已经开展了以金属回收为主要目标的植物冶炼技术研究。如镍超富集植物 *Sreptanthus polygaloides*，其镍含量可达 14800mg/kg。在蛇纹岩形成的富镍土壤上种植该植物，施肥后植物生物量增长 5 倍，再通过焚烧植物回收金属镍，并利用其热能提高收益，其收益甚至超过种植小麦。植物富集处理重金属污染土壤的费用不到物理、化学处理等各种工程治理的 1/10，并且通过回收

利用富集到的金属，还可进一步降低成本。

但是，由于超富集植物是在重金属胁迫环境下，经长期驯化得到的，因此往往生长缓慢，生物量较小。超富集植物多为野生型稀有植物，将其移植到某重金属污染土壤时，其生态位低于本土植物，处于竞争劣势。重金属在土壤中的生物有效性低，植物很难吸收，并且难以将重金属由根系转移到地上部分，因此，植物富集在商业化应用方面受到限制。

为了提高植物富集总量，就要提高植物体内重金属的蓄积量和增加植物的生物量，尤其是地上部分的生物量。强化植物富集金属总量的方法主要有以下几种。

1. 化学强化法

重金属在土壤中多以难溶态存在，生物活性非常低，不利于植物吸收、富集。化学强化法可根据土壤的酸度和靶重金属的性质，投加酸性或碱性物质改变土壤 pH，增加重金属的生物有效性。另外，根据污染物和污染土壤的特性，通过添加螯合剂也能够达到强化植物对靶金属吸收的作用。螯合剂能够解析土壤中的重金属离子，使其释放出来，提高重金属离子的生物有效性。螯合剂可分为天然小分子有机酸类（如柠檬酸、苹果酸、草酸、酒石酸等）和多羧基酸类［如 EDTA（乙二胺四乙酸）、DTPA（二乙烯三胺五乙酸）、CDTA（环己烷二胺四乙酸）、EDDA（乙二胺二乙酸）等］。螯合诱导的植物富集技术是用螯合剂来诱导或强化植物对金属的超富集作用，一般是在植物生物量已经很高时加入螯合剂，来强化植物快速吸收重金属，但强化效果还与植物的品种、重金属离子的种类有关。此技术已被应用于金属污染土壤的植物修复中。

2. 微生物强化法

在自然界中，植物常与微生物形成互惠互利的共生关系，这些微生物具有改善植物生活环境，帮助植物吸收营养，提供植物生长激素，增强植物根系吸收和转运能力以及提高植物抗重金属毒性等生物学功能。目前已发现一些能够对植物富集重金属起强化作用的微生物，如根瘤菌、丛枝菌根真菌、解磷菌（指一类可将土壤中磷的不可溶状态转变为可溶状态的微生物）、内生菌等。接种这类微生物可以增加超富集植物对重金属的吸收，通过根际微生物可以促进植物加速吸收某些矿物质，如铁、锰、锌、镍等。部分微生物对重金属的耐性很强，而且可以使土壤酸化，加强重金属溶出，从而提高重金属的生物有效性。根际内以微生物为媒介的腐殖化作用可能是提高金属可利用性的原因之一，但也可能有屏障作用。

3. 物理强化法

向植物根系通入直流电可增加重金属的活性，提高植物对重金属的吸收。电动力学强化的原理包括土壤溶液的电渗析、土壤带电胶体粒子的电泳、带电离子的电迁移以及电解等四方面。另外，静电也对植物吸收重金属有刺激作用。国外已成功利用直流电极，改善靶重金属在土壤中的存在形态，达到强化植物修复的目的。

（二） 植物挥发

早在 20 世纪 80～90 年代，我国学者曾在汞的植物修复方面做过研究。加拿大杨和红树等树木对土壤汞的吸收及储存能力较强，在试验条件下，加拿大杨树生长期内对高汞含量土壤中的汞吸收能力为对照树种的 130 倍。另外，据龙育堂等研究表明，苎麻能有效吸收土壤中的汞，将水稻田改种苎麻后，土壤汞的年净化率高达 41%，总汞残留系数由 0.94 降为 0.56，使污染土壤修复到背景值水平的时间大大缩短。

研究表明，当用含氯化甲基汞营养液处理后，大米草植株体内有机汞总量在增加，营养液中有机汞总量在减少，而无机汞总量则明显增加；在实验条件下，大米草对营养液中氯化甲基汞毒性的临界浓度为 $15\mu mol/L$，是烟草的 3 倍。大米草对汞的积累作用和把有机汞转化为无机汞的转化作用，在环境污染的植物修复方面有重要的利用价值。

由于植物挥发修复技术只适用于挥发性污染物，所以应用范围很小，并且将污染物转移到大气中，对人类和生物仍有一定的风险，因此其应用受到一定程度的限制。

（三） 植物固定

植物固定是利用耐重金属植物降低土壤中有毒金属的移动性，适用于相对不易移动的物质。土壤质地黏重、有机质含量越高，植物固定效果越好。例如香蒲、香根草等对 Pb、Zn 具有较强的忍耐和吸收能力，且生长量大，植物吸收重金属后主要在根部积累，因此割除植物时应连根收走。植物固定主要起两个作用：其一，保护污染土壤不受侵蚀，减少土壤渗漏以防止金属污染物淋移；其二，通过金属在根部积累和沉淀或根表吸收来加强土壤中污染物的固定。目前这项技术已在矿区污染修复中使用。然而植物固定只是暂时将其固定在植株体内，并没有彻底将环境中的重金属离子去除。当环境条件发生变化时，金属的生物有效性可能又会发生改变，再次污染环境。因此，植物固定并不是一个很理想的去除环境中重金属污染的方法。

（四）农业措施

在农业生产过程中，不可避免地会施用化肥，不同形态的氮、磷、钾化肥对土壤物理化学性质和根际环境会产生不同的影响，改变土壤重金属的溶解度，特别是在根际土壤中的溶解度，能起到降低植物体内污染物的浓度的作用。因此，可选择合适形态的化肥施用于污染的土壤，以减少重金属对植物体的污染。

采用施肥、轮作、耕作、质地调节等农艺学措施，通过改变土壤重金属的形态和调节植物的新陈代谢，可达到修复重金属污染的目的。通过改善施肥技术可使超富集植物生长旺盛，提高生物量，从而提高植物富集效率。施用酸性或生理酸性肥料或适当使植物缺磷，刺激植物根系分泌有机酸，从而改变重金属形态，提高植物富集效率。水旱作物之间的轮作可以改变土壤的Eh值，可改变土壤重金属活性。超积累植物与普通植物之间的轮作也可强化植物修复。土壤耕作方式包括常规耕作和免耕处理，常规耕作的植物吸收重金属都集中在地上部位，且高于免耕处理，而免耕处理的植物吸收重金属则集中在根部，且高于常规耕作。一般土壤质地越黏重，重金属活性就越小；反之，其植物有效性就越高。因此，可利用沙质土来强化植物对重金属的吸收。

在种植作物的时候，选种吸收污染物少或食用部位累积量少的作物。如玉米、水稻对土壤中镉的吸收量较少，因此，在中、轻度污染的土壤上种植这类作物，可明显降低农产品中污染物的含量。

对于中、重度污染区可改种非食用植物，如良种繁育基地；或种植花卉、苗木、棉花、桑麻类等；或改为建筑用地等非农业用地。

四、有机污染物染土壤的植物修复技术

植物修复技术可用于总石油烃类、氯代溶剂、杀虫剂等有机污染物的治理。植物对有机污染物的修复集中于对有机物的吸收、降解和稳定等方面。20世纪90年代后，开始开展有机污染物的超富集植物及其在植物体内的吸收、转运和在组织中分布等的研究。

（一）植物吸收

植物对位于浅层的土壤有机物的去除率很高。植物对有机物的吸收与有机物的相对亲脂性有关。有机物被植物吸收后，有多种去向，大多数被束缚在植物组织中而不能被生物所利用。如利用胡萝卜吸收污染土壤中的有机物，亲脂性的有机物进入脂含量高的胡萝卜中，收获胡萝卜后焚烧以破坏污染物。

（二）植物挥发

植物挥发是利用植物吸收土壤中的有机污染物后，经木质部转运到叶表而挥发到大气中。例如，杨树等植物可吸收甲基叔丁基醚并将其挥发。甲基叔丁基醚是一种常用汽油添加剂，有极强的水溶性，不易吸附在土壤中，易对地下水等环境产生持久性污染。

（三）植物降解

有些植物或其根际微生物能够降解甚至矿化有机污染物，主要是其中的酶系统在起作用。例如植物根中的硝酸盐还原酶可降解含硝基的有机污染物，脱卤素酶和漆酶可降解含氯有机物。而根际、根组织、木质部液流、茎叶组织中以及叶的表面的微生物群落会进一步提高降解能力。例如，利用植物修复多环芳烃污染的研究结果表明，在有根际的土壤中多环芳烃的降解率明显高于无植物生长的土壤中的多环芳烃。

（四）植物稳定

植物稳定修复在于通过植物的生长改变土壤的结构状态，使残存的游离有机污染物与根结合，增加对有机污染物的多价螯合作用，从而防止污染土壤的

风蚀和水蚀。例如将抗逆性强、耐受性高、生长速度快、寿命长的杨树栽植在垃圾场上，可以防止滤液下渗，稳定地面，改善周围环境。

五、放射性污染土壤的植物修复技术

核爆炸以及核反应等过程所产生的核裂变副产物等放射性物质长期存在于土壤中，对人类及生物的健康造成很大的威胁。放射性污染土壤的处理方法有挖掘与填埋、复合剂提取、离子交换、反渗透等。这些方法需要转移污染土体，费时费力，并且成本高昂。有一些植物具有可以吸收土壤中放射性核素并积累的特性，利用这类植物去除放射性核素的方法相对来说更加经济且有效。目前研究较多的利用植物修复的放射性核素主要有^{237}U、^{137}Cs 和^{90}Sr，如桉树苗可去除土壤中的^{137}Cs 和^{90}Sr。

除植物种类以外，土壤的性质对放射性核素的吸收效率影响很大。土壤的性质决定着放射性物质在土壤中的可溶性和生物有效性，如土壤中有机质含量高时，吸附在有机质上的铯离子的交换能力增加，提高了植物对铯的吸收、积累；土壤中含有大量柠檬酸、苹果酸等有机酸时，可以增加植物对铀的吸收。

因此，施加有机酸、化肥、土壤改良剂等方法能改变植物根际微环境的化学和生物学性质，增强土壤中放射性物质的生物有效性，从而提高植物修复效率。如施用铵态氮肥可以在一定程度上提高铯的生物有效性。

目前发现，某些营养元素与放射性物质在植物体内的行为具有相似性，如钾与铯、钙与锶，能富集钾、钙的植物往往也分别能富集放射性核素铯和锶。因此，可以对植物吸收某营养元素的过程做模型，利用这些模型指导对应的放射性物质的植物修复。例如，已发现植物的指数生长期是吸收营养元素的最快时期，便可通过对植物生长期的多次收获加快污染土壤的修复进程。

第四章

大气污染的危害与治理

现代农业与重工业的发展，不仅给人类带来了很多物质利益与社会利益，同样也带来了诸多问题，其中环境污染便是其中之一。人类日常生活、工作或者是活动中，会消耗各种资源，像车辆尾气排放、厨房餐厅烟囱的烟气以及焚烧排放等，这些活动对环境有着很大的影响。自然界中空气是非常宝贵的资源，动植物以及人类都需要呼吸着空气中的氧气生存。很多空气污染特别严重的地方，直接影响了动植物以及人类的生长发育和环境生态，为了更好地保护大自然，保护人类以及动植物，必须进行科学有效的大气环境治理。

第一节 大气污染物及污染源来源

一、大气污染物概念与分类

我国是一个占世界总人口 20% 以上的发展中大国，在工业化持续快速推进过程中，能源消费量持续增长，以煤为主的能源消费排放出大量的烟尘、二氧化硫、氮氧化物等大气污染物，大气环境形势十分严峻；同时，伴随着居民收入水平的提高和城市化进程的加快，城市机动车流量迅猛增加，机动车尾气排放进一步加剧了大气污染。我国大气污染比较严重的集中在经济发达的城市，城市也是人口最密集的地方，一些城市严重的大气污染对居民健康造成了巨大的危害，已经成为广泛关注的热点问题之一。

（一）大气的重要性

空气是自然界中最宝贵的资源，是人类生存最重要的环境因素之一，空气的正常化学组成是保证人体生理机能和健康的必要条件。人生活在空气里，洁净的空气对于生命来说，比任何东西都重要。人需要呼吸新鲜洁净的空气来维持生命，一个成年人每天呼吸新鲜空气大约两万多次，吸入的空气量达 $15\sim20m^3$。生命的新陈代谢一时一刻也离不开空气，有资料表明，一个人 5 周不吃食物、5 天不喝水仍能维持生命，而 5min 不呼吸就会死亡。空气特别是洁净空气，对于人类的生存和动植物的生长起着十分关键的作用。

然而，受污染的大气中，常含有一氧化碳（CO）、二氧化硫（SO_2）、氮氧化物（NO_x）、硫化氢（H_2S）、过氧乙酰基硝酸酯（PAN）、氨（NH_3）、氯气（Cl_2）、氯化氢（HCl）、各种碳氢化合物，如甲烷（CH_4）等，这些有害气体常与排放到大气中的颗粒物（气溶胶）共同悬浮于大气中。悬浮于大气中的污染物，不仅对太阳与地球间热量收支平衡有影响，造成局部地区或全球性气候和气象变化，而且能直接对动植物的生长和生存造成危害，甚至夺取其生命，由此可见空气（大气）对人类和动植物的重要性。

（二）大气污染的概念及特点

大气污染就是对空气的污染，大气污染通常是指由于人类活动和自然过程引起某些物质进入大气中，呈现出足够的浓度，达到了足够的时间，并因此而危害了人体的舒适、健康、福利和生态环境。所谓人类活动不仅包括生产活动，而且还包括生活活动，如做饭、取暖、交通等；自然过程包括火山喷发、森林火灾、海啸、土壤和岩石的风化及大气圈中的空气运动等。由自然过程引起的大气污染，一般通过自然环境的自净化作用，如稀释、沉降、雨水冲洗、地面吸收、植物吸收等物理、化学及生物过程，经过一段时间后会自动消除，能维持生态系统的平衡。可以说，大气污染主要是由于人类在生产活动和生活活动中向大气排放的污染物，在大气中积累，超过了环境的自净能力而造成的。所谓对人体舒适、健康的危害，包括对人体的正常生活环境和生理机能的影响，引起急性病、慢性病，甚至死亡等。

大气污染区别于其他污染形式，其特点主要有以下几方面：第一，大气中的悬浮颗粒物过多，严重超出了大气本身的净化能力；第二，由于城市人口密集以及城市绿化面积的缺乏，导致无法对大气中的有害物质进行有效分解，进而使空气中的有害物质含量超标；第三，我国很多区域都为工业城市，火力发电厂、冶炼厂、居民取暖、做饭等都需要煤，煤燃烧向空中排放大量的二氧化碳、二氧化硫、一氧化碳和烟尘等，导致了大气中煤炭污染严重，环境进一步恶化。

（三）大气污染的分类

1. 按照污染所涉及的范围分类

按照污染所涉及的范围，大气污染大致可分为如下四类：

（1）局部地区污染。指的是由某个污染源造成的较小范围内的污染。

（2）地区性污染。如工矿区及附近地区或整个城市的大气污染。

（3）广域污染。即超过行政区划的广大地域的大气污染，涉及的地区更加广泛。

（4）全球性污染或国际性污染。如大气中硫氧化物、氮氧化物、二氧化碳和飘尘的不断增加和输送所造成的酸雨污染和大气的温室效应，已成为全球性的大气污染。

2. 按照能源性质和污染物的种类分类

按照能源性质和污染物的种类，大气污染可分为如下四类：

（1）煤烟型（又称还原型）。由煤炭燃烧放出的烟尘、二氧化硫等造成的污染，以及由这些污染物发生化学反应而生成的硫酸及其硫酸盐类所构成的气溶胶污染物。20 世纪中叶以前和目前仍以煤炭作为主要能源的国家和地区的大气污染属此类污染。

（2）石油型（又称汽车尾气型、氧化型）。由石油开采、炼制和石油化工厂的排气以及汽车尾气的碳氢化合物、氮氧化物等造成的污染，以及这些物质经过光化学反应形成的光化学烟雾污染。

（3）混合型。具有煤烟型和石油型的污染特点。在大气混合污染物中，多种污染物都以高浓度同时存在，它们之间相互耦合，发生复杂的化学反应，形成新的二次污染物。目前我国的一些城市空气中也存在较大量的煤炭和石油燃烧的污染物并存的现象。

（4）特殊型。特殊型指的是由工厂排放某些特定的污染物所造成的局部污染或地区性污染，其污染特征由所排污染物决定。例如，磷肥厂排出的特殊气体所造成的污染，氯碱厂周围易形成氯气污染等。

煤烟型和石油型为两种最基本最主要的大气污染类型，它们的主要特点见表 4-1。

表 4-1 大气主要污染类型及特点

项目	煤烟型（还原型）	石油型（氧化型）
主要污染源	工厂、家庭取暖、燃烧煤炭装置的排放，主要有 SO_2、NO_x、C_xH_y	汽车排气为主，主要有 SO_2、C_xH_y
主要污染物	一次污染物和二次污染物混合体，如 SO_2、CO_2 颗粒物、硫酸雾、硫酸类气溶胶	以二次污染物为主，如臭氧、过氧乙酰基硝酸酯、甲醛、乙醛、烯醛、硝酸雾、硫酸雾
发生地区	湿度较大的温带、亚热带地区	光照强烈的热带、亚热带地区
发生地区使用的主要燃料	以煤为主，辅以石油燃料	
反应类型	热反应	光化学反应及热反应
化学作用	催化作用	光化学氧化反应

续表

项目		煤烟型（还原型）	石油型（氧化型）
大气状况	温度/℃	−1～4	24～32
	湿度	85％以上	70％以下
	逆温类型	上层逆温	接地逆温
	风速	静风	22m/s 以下
烟雾最大时的视觉		0.8～1.6m 以下	<100m
对人体的影响		刺激呼吸系统,使患呼吸道疾病者加速死亡	刺激眼黏膜等

二、大气污染物及其污染源的形成

（一）大气污染物

按照 ISO 定义,"空气污染物是指由于人类活动或自然过程排入大气的并对人或环境产生有害影响的那些物质"。

大气污染物的种类很多,按其存在状态,大气污染物可分为气溶胶态污染物和气态污染物两类。按形成过程,分为一次污染物和二次污染物。

1. 气溶胶态污染物

气溶胶是指悬浮在气体介质中的固态或液态微小颗粒所组成的气体分散体系。从大气污染控制的角度,按照气溶胶颗粒的来源和物理性质,可将其分为以下几种。

（1）粉尘（dust）。粉尘是指固体物质的破碎、分级、研磨等机械过程或土壤、岩石风化等自然过程形成的悬浮微小固体粒子。通常,又将粒径大于 $10\mu m$ 的悬浮固体粒子称为落尘,它们在空气中能靠重力在较短时间内沉降到地面;将粒径小于 $10\mu m$ 的悬浮固体粒子称为飘尘,它们能长期飘浮在空气中;粒径小于 $1\mu m$ 的粉尘又称为亚微粉尘（submicron dust）。属于粉尘类大气污染物的种类很多,如黏土粉尘、石英粉尘、煤粉、水泥粉尘、各种金属粉尘等。

（2）烟（fume）。烟一般是指由冶金过程形成的固体粒子的气溶胶,烟的粒子尺寸一般为 $0.01～1.0\mu m$。它是由熔融物质挥发后而生成的气态物质的冷凝物,在生成过程中总是伴有诸如氧化之类的化学反应。

（3）飞灰（fly ash）。飞灰是指由固体燃料燃烧产生的烟气带走的灰分中的较细粒子。

（4）烟（smoke）。通常指燃料燃烧过程产生的不完全燃烧产物，又称炭黑，是能见气溶胶。

（5）雾（fog）。雾是气体中液滴悬浮体的总称。在气象中指造成能见度小于1km的小水滴悬浮体。在工程中，雾一般泛指小液滴粒子的悬浮体，它可能是由于液体蒸气的凝结、液体的雾化及化学反应等过程形成的，如水雾、酸雾、碱雾、油雾等。

（6）霾（haze）。霾天气是大气中悬浮的大量微小尘粒使空气混浊、能见度减低到10km以下的天气现象，易出现在逆温、静风、相对湿度较大等气象条件下。大气中的霾，大部分会被人体呼吸道吸入，引起鼻炎、支气管炎等症状，影响人们的心理健康，使人们情绪不稳定，容易引起交通堵塞和交通事故。目前霾的污染已发展为区域性污染，真正威胁到人类的生存环境和身体健康。我国霾的高发地区为京津冀、长三角、珠三角和四川盆地。

（7）化学烟雾（smog）。如硫酸烟雾、光化学烟雾等。大气中的氮氧化物、碳氢化合物等一次性污染物在太阳紫外线的作用下发生光化学反应，生成浅蓝色的烟雾型混合物，称为光化学烟雾。光化学烟雾一般发生在大气相对湿度较低、气温为24～32℃的夏季晴天，与大气中的NO、CO、C_xH_y等污染物的存在分不开。所以，以石油为动力燃料的工厂、汽车等污染源的存在是光化学烟雾形成的前提条件。光化学烟雾粒径细小，可归入PM2.5细颗粒。它能刺激人眼和上呼吸道，诱发各种炎症，导致哮喘发作；伤害植物，使叶片出现褐色斑点而病变坏死。

在我国的环境空气质量标准中，还根据颗粒物的大小，将其分为总悬浮颗粒物（TSP）、可吸入颗粒物（PM10）和微细颗粒物（PM2.5）。

① 总悬浮颗粒（TSP）。能悬浮在空气中，空气动力学当量直径≤100μm的所有固体颗粒。

② 可吸入颗粒（PM10）。能悬浮在空气中，空气动力学当量直径≤10μm的所有固体颗粒。

③ 细微颗粒（PM2.5）。能悬浮在空气中，空气动力学当量直径≤2.5μm

的所有固体颗粒。就颗粒物的危害而言，小颗粒比大颗粒的危害要大得多。

2. 气态污染物

气体状态污染物是指以分子状态存在的污染物，简称气态污染物。气态污染物可分为无机气态污染物和有机气态污染物两类。

（1）无机气态污染物。无机气态污染物有硫化物（SO_2、SO_3、H_2S 等）、含氮化合物（NO、NO_2、NH_3 等）、卤化物（Cl_2、HCl、HF、SiF_4 等）、碳氧化物（CO、CO_2）及臭氧、过氧化物等。

（2）有机气态污染物。有机气态污染物则有碳氢化合物（烃、芳烃、稠环芳烃等），含氧有机物（醛、酮、酚等），含氮有机物（芳香胺类化合物、腈等），含硫有机物（硫醇、噻吩、二硫化碳等），含氯有机物（氯化烃、氯醇、有机氯农药等）等。挥发性有机物（volatile organic compounds，VOCs）是易挥发的一类含碳有机物的总称，近年来挥发性有机物引起的大气污染已受到广泛的关注。

3. 一次污染物和二次污染物

（1）一次污染物。一次污染物是指直接从各种污染源排出的污染物称为一次污染物。主要的一次污染物是含硫化合物（SO_2、SO_3、H_2S 等）、含氮化合物（NO、NO_2、NH_3 等）、碳氢化合物（C_mH_n）、碳氧化物（CO、CO_2）、卤素化合物（Cl_2、HCl、HF、SiF_4）及臭氧、过氧化物等。

（2）二次污染物。二次污染物是指一次污染物与空气中原有成分或几种污染物之间发生一系列化学或光化学反应而生成的、与一次污染物性质完全不同的新污染物，称为二次污染物。这类物质颗粒小，粒径一般在 $0.01 \sim 1.0 \mu m$，其毒性比一次污染物还强。在大气污染中受到普遍重视的二次污染物主要有硫酸烟雾、光化学烟雾和酸雨。

硫酸烟雾是空气中的二氧化硫等含硫化合物在水雾、重金属飘尘存在时，发生一系列化学反应而生成的硫酸雾和硫酸盐气溶胶。光化学烟雾则是在太阳光照射下，空气中的氮氧化物、碳氢化合物和氧化剂之间发生一系列光化学反应而生成的淡蓝色烟雾，其主要成分是臭氧、过氧乙酰基硝酸酯、醛类及酮类等。硫酸烟雾和光化学烟雾引起的刺激作用和生理反应等危害要比一次污染物强烈得多。

监测表明在我国大气环境中，影响普遍的广域污染物为悬浮颗粒物、二氧化硫、氮氧化物、一氧化碳和臭氧等。

（二）大气污染源

大气污染源通常是指向大气排放足以对环境产生有害影响的或有毒有害物质的生产过程、设备和场所等。大气污染物的来源可分为自然污染源和人为污染源两大类。自然污染源是指自然原因向环境释放污染物的地点或地区，如火山喷发、森林火灾、飓风、海啸、土壤和岩石风化及生物腐烂等自然现象；人为污染源是指人类生活活动和生产活动形成的污染源。

1. 自然污染源

自然污染源是由自然灾害造成的，如火山爆发喷出大量火山灰和二氧化硫，有机物分解产生的碳、氮和硫的化合物，森林火灾产生大量的二氧化硫、二氧化氮、二氧化碳和碳氢化合物，土壤和岩石风化被大风刮起的沙土及散布于大气中的细菌、花粉等。自然污染源目前还不能控制，但是它所造成的污染是局部的、暂时的，在大气的污染中只起次要作用。

2. 人为污染源

人为污染源是指由于人类生产活动和生活活动所造成的污染。由人类所造成的污染通常延续时间长、范围广。在人为污染源中，又可分为固定的污染源和移动的污染源两种。固定的污染源，如烟囱、工业排气筒等；移动的污染源，如汽车、火车、飞机、轮船等。由于人为污染源普通和经常地存在，所以比起自然污染源来更为人们所密切关注。大气主要污染源如下。

（1）生活污染源。城市居民、机关和服务性行业，由于烧饭、供暖锅炉、沐浴和餐饮等生活上的需要，向大气排放大量煤烟、油烟、废气等造成大气污染。城市生活垃圾焚烧过程产生的废气，以及垃圾在堆放过程中厌氧分解所排出的二次污染物，都是大气主要污染源。

（2）工业污染源。如各钢铁厂、冶炼厂、火力发电厂等工业企业燃料燃烧排放的污染物，以及工艺生产过程中排放的废气和生产过程中排放的各类金属与非金属粉尘，都是大气污染的主要来源，也是大气污染防治工作的重点之一。随着工业的迅速发展，大气污染物的种类和数量日益增多。由于工业企业的性质、规模、工艺过程、原料和产品等种类不同，其对大气污染的程度也不同。

（3）交通运输污染源。由于行驶中的汽车、火车、飞机、船舶等交通工具，排放出含有一氧化碳、碳氢化合物、铅等污染物的尾气造成大气污染。近年来，由于我国的公路交通运输事业的发展，城市行驶的汽车日益增多，汽车排放的尾气在一些大城市也已成为重要的大气污染源。

（4）农业污染源。农业机械运行排放的尾气，农田施用化学农药、化肥、有机肥时，有害物质直接逸散到大气中，或从土壤中经分解后向大气排放的有毒、有害及恶臭气态污染物等。露天焚烧秸秆、树叶和废弃物等，向大气排放大量烟尘、粉尘和污染物，造成大气污染。

（5）沙尘污染源。由于农村和城市的过度开发，植被和水面遭受破坏而减少或消失，地表裸露，地面沙尘被风力或交通工具扬起，可吸入的粉尘颗粒悬浮于大气中，造成大气污染。

（6）建筑施工污染源。由于城市在快速的建设中，旧房拆迁，高楼不断崛起，城市里散布着一个个工地，所产生的工地扬尘成了加剧空气污染的一个重要因素，建筑施工水泥、钢铁和各种装饰材料、涂料等，是城市高楼大厦崛起的必需用品，但是，水泥和钢铁的大量生产会威胁着空气质量。

第二节 大气污染的危害与治理措施

一、大气污染的危害

大气污染会造成多方面的危害，其危害程度取决于大气污染物的性质、数量和滞留时间。大气污染对人类造成的危害包括以下几个方面。

（1）对人体健康的危害。大气污染对人体健康的危害包括急性和慢性两个方面。急性危害一般出现在污染物浓度较高的工业区及其附近。慢性危害是在大气污染物直接或间接的长期作用下，对人体健康造成的危害。这种危害短期表现不明显，也不易觉察。据我国10个城市统计，呼吸道疾病的患病率和检出率，在工业重污染区为30%～70%，而在轻污染区只有其1/2。

大气污染物对人体的危害主要表现是呼吸道疾病与生理机能障碍，以及眼鼻等黏膜组织受到刺激而患病。大气中污染物的浓度很高时，会造成急性污染中毒，或使病状恶化，甚至在几天内夺去人的生命。其实，即使大气中污染物浓度不高，但人体成年累月呼吸污染了的空气，也会引起慢性支气管炎、支气管哮喘、肺气肿及肺癌等疾病。

（2）对动植物的危害。大气污染物危害动植物的生存、发育和对病虫害的抵抗能力。对植物危害较大的大气污染物主要有二氧化硫、氟化物、二氧化氮、臭氧、氯气和氯化氢等。大气污染物对植物的主要伤害是植物的叶面，植物长期处在高浓度污染物的影响下，会使植物叶表面产生伤斑或坏死斑，甚至直接使植物叶面枯萎脱落；植物长期处在低浓度污染物的影响下，使植物的叶、茎褪绿，减弱光合作用，影响植物的生长，使植物生长减弱，抵抗病虫害的能力减弱，发病率提高。

大气污染物对动物的伤害主要是呼吸道感染和摄入被污染的食物和水，最终使动物体质变弱，危害动物的正常生长，以至死亡。

（3）对器物和材料的损害。大气污染物对金属制品、油漆涂料、皮革制品、纸制品、纺织品、橡胶制品和建筑材料等的损害也十分严重。这些损害包括玷污性损害和化学性损害两方面。玷污性损害是大气中的尘、烟等粒子落在器物上等造成的，有的可以清扫冲洗去除，有的就很难去除。化学性损害是污染物与器物发生化学作用，使器物腐蚀变质，如硫酸雾、盐酸雾、碱雾等使金属产生严重腐蚀，使纺织品、皮革制品等腐蚀破碎，使金属涂料变质。

（4）对能见度的影响。大气污染最常见的后果是大气能见度下降。对大气能见度或清晰度影响的污染物，一般是气溶胶粒子，以及能通过大气反应生成气溶胶粒子的气体或有色气体等。能见度降低不仅使人感到郁闷，造成极大的心理影响，而且还会造成安全方面的公害。

（5）对气候的影响。大气污染物不仅污染低层大气，而且能对上层大气产生影响，形成酸雨、臭氧层破坏、气温升高等全球性环境问题，给人类带来更严重的危害。

酸雨通常指 pH 低于 5.6 的降水，但现在泛指酸性物质以湿沉降或干沉降的形式从大气转移到地面上。湿沉降是指酸性物质随雨、雪等降落到地面，干沉降是指酸性颗粒物以重力沉降、微粒碰撞和气体吸收等形式由大气转移到地面。酸雨的危害主要表现在土壤、河流湖泊酸化，农作物减产，森林衰亡，水生生物不能正常生长，严重腐蚀材料、建筑物和文化古迹，造成巨大损失。

在高度 10~50km 的大气圈平流层中，由于强紫外线的作用，O_2 分解生成的原子氧（O）与 O_2 反应生成 O_3；而 O_3 吸收紫外线分解，这种生成与分解达到平衡，在平流层形成臭氧层。臭氧能吸收 99％以上来自太阳的紫外线辐射，保护地球上的生命。臭氧层如被破坏，大量紫外线辐射将到达地面，危害人类健康。据科学家的预测，如果平流层的臭氧总量减少 1％，则到达地面的太阳紫外线辐射量将增加 2％，皮肤癌的发病率增加 2％~5％，白内障患者将增加 0.2％~1.6％。另外，紫外线辐射增大，也会对动植物产生影响，危及生态平衡。臭氧层的破坏还会导致地球气候出现异常，由此带来灾难。

随着人类生产和生活活动的规模越来越大，向大气中排放的温室气体，远远超过了自然所能消纳的能力，结果使全球气温也不断上升，形成所谓的"温室效应"。温室效应的结果，使地球上的冰川大部分后退，海平面上升，影响自然生态系统，加剧洪涝、干旱及其他气象灾害。

二、大气污染的综合治理的含义和措施

（一）大气污染综合治理含义

大气污染治理的基本点是防治结合，以防为主，是立足于环境问题的区域性、系统性和整体性之上的综合。基本思想是采取法律、行政、经济和工程技术相结合的措施，合理利用资源，减少污染物的产生和排放，充分利用环境的自净能力，实现发展经济和保护环境相结合。

大气污染一般是由多种污染源所造成的，其污染程度受该地区的地形、气象、植被面积、能源构成、工业结构和布局、交通管理和人口密集等自然因素和社会因素所影响。因此，大气污染治理具有区域性、整体性和综合性的特点。在制定大气污染治理措施时，要充分考虑地区的环境特征，从地区的生态系统出发，对影响大气质量的多种因素进行系统的综合分析，统一规划，合理布局，综合应用各种治理大气污染的措施，充分利用环境的自净能力，才能有效地控制大气污染。

（二）大气污染综合治理措施

（1）全面规划，合理布局。为了控制城市和工业区的大气污染，必须在制定区域性经济和社会发展规划的同时，做好环境规划，采取区域性综合防治措施。

环境规划是经济规划和社会规划的重要组成部分，是体现环境污染综合防治、以防为主的重要手段。环境规划的任务，一是针对区域性经济发展将给环境带来的影响提出区域可持续发展和保护区域环境质量的最佳规划方案；二是对已经造成的环境污染提出改善环境的具有指令性的最佳实施方案。我国规定，对新建和改、扩建工程项目，必须先做环境影响评价，论证该项目可能造成的影响及应采取的措施等。

（2）严格的环境管理。环境管理的目的是应用法律、经济、行政、教育等手段，对损害和破坏环境质量的活动加以限制，实现保护自然资源、控制环境污染和发展经济、社会的目的。

建立环境管理的法律、法规和条例是国家控制环境质量的基本方针和依据。我国相继制定或修订了一系列环境法律，如《中华人民共和国环境保护法》《中华人民共和国大气污染防治法》及各种保护环境的条例、规定和标准等。由于环境污染的区域性、综合性强，各地区各部门还可以有自己的法令和规定。国家及地方的立法管理对大气环境的改善起着至关重要的作用。

为保证环境法律法规的实施，我国建立了完整的环境监测系统，并采用各种先进的手段监测大气污染，为科学的环境管理积累了大量的数据资料和经验。

为保证国家各种环境保护法律法规的执行，我国已建立起从中央到地方的各级环境管理机构，加强对环境污染的控制管理和组织领导。

（3）控制环境污染的经济政策。控制环境污染的经济政策如下：

① 保证必要的环境保护投资。有必要随着国民经济的发展逐渐增加环保投资。

② 对大气污染治理从经济上给以优待，如低息长期贷款，对综合利用产品实行免税或减税政策等。

③ 实行排污收费制度、排污许可证制度、排污总量市场交易制度和责任制度，如对环境污染事故的损失进行赔偿和罚款，追究行政、法律责任等。对污染严重、短时间内又不能解决的企业实行关、停、并、转的政策。

（4）控制大气污染的技术措施。大气中的污染物，一般是不可能集中进行统一处理的，通常是在充分利用大气自净作用和植物净化能力的前提下，采取污染控制的办法，把污染物控制在排放之前以保证大气环境质量。控制污染的技术措施主要有如下几种。

① 实施可持续发展的能源战略。实施可持续发展的能源战略包括：改善能源供应结构，提高清洁能源和降低污染能源供应比例；提高能源利用率，节约能源；对燃料进行预处理，推广洁净煤技术；积极开展新能源和可再生能源，如风电、核电、水电、太阳能等。

② 对烟（废）气进行净化处理。就目前看，即使是最发达的国家也不能做到无污染物排放。当污染源的排放浓度和排放总量达不到排放标准时，必须安装废气净化装置，以减少污染物的排放。新建和改、扩建项目必须按国家排放标准的规定，建设废气的综合利用和净化处理设施，并与主体工程同时设计、同时施工、同时投产。

③ 实行清洁生产，推广循环经济。很多污染是生产工艺不能充分利用资源引起的。改进生产工艺是减少污染物产生的最经济而有效的措施。生产中应从清洁生产工艺方面考虑，优先采用无污染或少污染的原材料和工艺路线、清洁燃料，采用闭路循环工艺，提高原材料的利用率。加强生产管理，减少跑、冒、滴、漏等，容易扬尘的生产过程要采用湿式作业、密闭运转。粉状物料的加工应减少层动、高差跌落和气流扰动。液体和粉状物料要采用管道输送，并防止泄漏。

（5）强化对机动车污染的控制。对机动车污染的控制有以下几种。

① 从源头上控制汽车尾气污染。对排放水平不能达到国家标准的汽车产品禁止生产、销售和使用，大力开发使用清洁能源的新型汽车，如电动汽车等。

② 严格控制在用车尾气的排放。建立在用车的排污检测系统，实施在用车的检查、维护制度，对经修理、调整或采用排气控制技术后，排污仍超过国家排放标准的在用车坚决予以淘汰；提高车用燃油的质量，淘汰 90 号以下低

标号汽油，禁止使用含铅汽油等。

③ 加强规划，优先发展城市公交事业。加强城市车辆规划，控制城市汽车总量，宣传鼓励人们出行乘坐地铁和公交车，减少汽车尾气排放，降低汽车尾气对大气的污染。

（6）绿化造林，发展植物净化。植物不仅能美化环境，调节气候，还能吸收大气中的有害气体，吸附和拦截粉尘，净化大气，并能降低噪声。植物不但能吸收 CO_2、放出 O_2，有的树木还可以吸收 SO_2、Cl_2 和光化学烟雾等有害气体。在城市和工业区有计划、有选择地扩大绿化面积是大气污染综合防治具有长效能和多功能的措施。

（7）高烟囱稀释扩散。设计合理的烟囱高度，充分利用大气的稀释扩散和自净能力，是有效控制所排污染物污染大气环境的一项可行的工程措施。

第三节 粉尘污染物治理技术与设备

一、除尘器的基本概况

（一）除尘器的分类

目前，除尘器的种类繁多，可有各种各样的分类。通常按捕集分离尘粒的机理可分为机械式除尘器、过滤式除尘器、电除尘器和湿式除尘器 4 大类。

（1）机械式除尘器。机械式除尘器通常指利用质量力（重力、惯性力和离心力等）的作用而使尘粒物质与气流分离的装置，包括重力沉降室、惯性除尘器和旋风除尘器。

（2）过滤式除尘器。过滤式除尘器是使含尘气流通过过滤材料或多孔的填料层来达到分离气体中固体粉尘的一种高效除尘装置。目前常用的有袋式除尘器和颗粒层除尘器。

（3）电除尘。电除尘器按国际通用习惯也可称为静电除尘器，它使含尘气体在通过高压电场进行电离的过程中，使尘粒带电，并在电场力的作用下将尘粒从含尘气体中分离出来的一种除尘装置。

（4）湿式除尘器。湿式除尘器是利用液滴、液膜、气泡等形式，使含尘气流中的尘粒与有害气体分离的装置。湿式除尘器的种类很多，通常，耗能低的主要用于治理废气；耗能高的一般用于除尘。用于除尘的湿式除尘器主要有喷淋塔式除尘器、文丘里除尘器、自激式除尘器和水膜式除尘器。

在实际应用中还按除尘效率高低，将除尘器分为高效、中效和低效除尘器。电除尘器、袋式除尘器和部分湿式除尘器是目前国内外应用广泛的三种高效除尘器，旋风除尘器和其他湿式除尘器属于中效除尘器，重力沉降室和惯性除尘器属于低效除尘器。

（二）除尘器的性能

除尘器的性能包括技术性能和经济性能，其中，技术性能包括含尘气体处理量、压力损失和除尘效率；经济性能包括投资费用和运转管理费用、使用寿命、占地面积或占用空间体积。这些性能指标是除尘器选用和设计研发的依据，各种除尘器的性能比较见表 4-2。

表 4-2　各种除尘器的性能比较

除尘器		净化程度	最小捕集粒径/μm	入口含尘浓度/(g/m³)	阻力/Pa	除尘效率 η/%	投资费用	运行费用
重力沉降室		粗净化	50~100	>2	50~130	40~60	少	少
惯性除尘器		粗净化	20~50	>2	300~800	50~70	少	少
旋风除尘器	中效	粗、中净化	20~40	>0.5	400~800	60~85	少	中
	高效	中净化	5~10	>0.5	1000~1500	80~90	中	中
湿式除尘器	水浴除尘器	粗净化	2	<2	200~500	85~95	中	中
	立式旋风水膜除尘器	各种净化	2	<2	500~800	90~98	中	较高
	卧式旋风水膜除尘器	各种净化	2	<2	750~1250	98~99	中	较高
	泡沫除尘器	各种净化	2	<2	300~800	80~95	—	—
	冲击除尘器	各种净化	2	<2	600~1000	95~98	中	较高
	文丘里除尘器	细净化	<0.1	<15	500~20000	90~98	少	高
袋式除尘器		细净化	<0.1	<15	800~1500	>99	较高	较高
电除尘器	湿式	细净化	<0.1	<30	125~200	90~98	高	少
	干式	细净化	<0.1	<30	125~200	90~98	高	少

二、机械式除尘技术与设备

机械式除尘器通常是指利用质量力（重力、惯性力和离心力）的作用而使粉尘颗粒与气流分离的装置，包括重力沉降室、惯性除尘器和旋风除尘器等。机械式除尘器结构简单、投资少、动力消耗低，除尘效率一般为40％～90％，是国内常用的除尘设备。在排气量比较大或除尘要求比较严格的场合，这类设备可作为预处理用，以减轻第二级除尘设备的负荷。常用干式机械式除尘器的特性参数见表4-3。

表 4-3　干式机械式除尘器的特性参数

除尘器名称	最大烟气处理量/(m³/h)	可去除最小粒径/μm	除尘效率/%	压力损失/Pa	使用最高温度（烟气温度）/℃
重力沉降室	根据安装地决定最大烟气处理量	350	80～90	50～130	350～550
旋风除尘器	85000	10	50～60	250～1500	350～550
旋流除尘器	30000	2	90	<2000	<250
串联旋风除尘器	170000	5	90	750～1500	300～550
惯性除尘器	127500	10	90	750～1500	<400

因为篇幅问题，这里将重点讲解重力沉降室以及惯性除尘器的相关内容。

（一）重力沉降室

1. 粉尘沉降原理

重力沉降室是通过尘粒自身的重力作用使其从气流中分离的简单除尘装置。如图 4-1 所示，含尘气流在风机的作用下进入沉降室后，由于突然扩大了

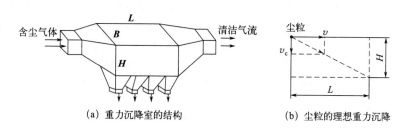

(a) 重力沉降室的结构　　　　(b) 尘粒的理想重力沉降

图 4-1　重力沉降室的结构与重力沉降

过流面积，使得含尘气体在沉降室内的流速迅速下降。开始时尽管尘粒和气流具有相同的速度，但气流中较大的尘粒在重力作用下，获得较大的沉降速度，经过一段时间之后，尘粒降至室底，从气流中分离出来，从而达到除尘的目的。

2. 重力沉降室的结构

重力沉降室的结构通常可分为水平气流沉降室和垂直气流沉降室两种。常见的垂直气流沉降室有屋顶式沉降室、扩大烟管式沉降室和带有锥形导流器的扩大烟管式沉降室等三种结构形式。水平气流沉降室的结构形式，如图 4-2 所示。

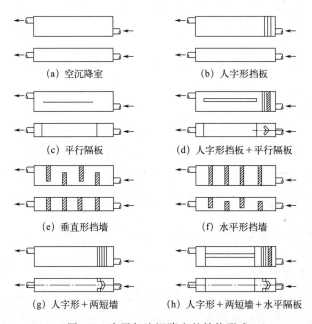

(a) 空沉降室　　　　　　　　(b) 人字形挡板

(c) 平行隔板　　　　　(d) 人字形挡板+平行隔板

(e) 垂直形挡墙　　　　　　(f) 水平形挡墙

(g) 人字形+两短墙　　　(h) 人字形+两短墙+水平隔板

图 4-2　水平气流沉降室的结构形式

水平气流沉降室在运行时，都要在室内加设各种挡尘板，以提高除尘效率。根据实验测试，以采用人字形挡板和平行隔板结构形式的除尘效率较高，这是因为人字形挡板能使刚进入沉降室的气体很快扩散并均匀地充满整个沉降室，而平行隔板可减少沉降室的高度，使粉尘降落的时间减少，致使相同沉降室的除尘效率一般比空沉降室提高 15% 左右。沉降室也可用喷嘴喷水来提高除尘效率，例如以电场锅炉烟气为试样，在进口气速为 0.538m/s 时，其除尘效率为 77.6%，增设喷水装置后，除尘效率可达 88.3%。

3. 重力沉降室的应用与设计

根据有关公式和给定的粉尘粒径等物理性质进行设计，首先根据粉尘的真密度和粒径计算出沉降速度 v_c，再假设沉降室内的气流水平速度 v 和沉降室高度 H（或宽度 B），然后计算沉降室的长度 L 和宽度 B（或高度 H）。

在确定沉降室的结构尺寸时，应以矮、宽、长为原则，过高会因顶部尘粒沉降到底部的时间过长，尘粒还未降到底部而被含尘气体带走。因此流通截面决定后，宽度应增加，高度应降低。同时将进气管设计成渐扩管式，若场地受到限制，进气管与沉降室无法直接连接时，可设导流板、扩散板等气流分布装置；在选取沉降室内的水平速度时，应防止流速过高而引起的二次扬尘。实际中采用的速度为 0.3～3m/s，对于如炭黑这样的轻质粉尘，其流速还应低些；用于净化高温烟气，由于热压作用，排气口以下的空间有可能出现气流减弱，从而降低了容积利用率和除尘效率，这时，沉降室的进出口位置应低一些；沉降室适用于捕集密度大、颗粒大的粉尘，特别是磨损性很强的粉尘。它能有效地捕集 50μm 以上的尘粒，但不能捕集 20μm 以下的尘粒，一般作为第一级或预处理设备。

（二）惯性除尘器

1. 惯性沉降的基本原理

惯性除尘器的主要除尘机理是惯性沉降。通常认为，气流中的颗粒随着气流一起运动，很少或不产生滑动。但是，若有一静止的或缓慢运动的如液滴或纤维等障碍物处于气流中时，则成为一个靶子，使气体产生绕流，使某些颗粒沉降到上面。颗粒能否沉降到靶上，取决于颗粒的质量及相对于靶的运动速度和位置。图 4-3 中所示的小颗粒 1，随着气流一起绕过靶；距停滞流线较远的大颗粒 2，也能避开靶；距停滞流线较近的大颗粒 3，因其惯性较大而脱离流线保持自身原来运动方向而与靶碰撞，继而被捕集。通常将这种捕集机制称为惯性碰撞。颗粒 4 和颗粒 5 刚好避开与靶碰撞，但其表面与靶表面接触时而被靶拦截住，并保持附着。

2. 惯性除尘器的除尘机理

为了改善沉降室的除尘效果，可在沉降室内设置各种形式的挡板，使含尘气流冲击在挡板上，气流方向发生急剧转变，借助尘粒本身的惯性力作用，使

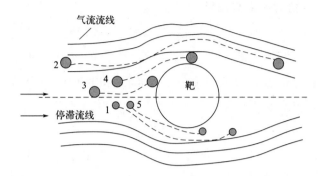

图 4-3　运动气流接近靶时颗粒运动的几种可能性

其与气流分离。

如图 4-4 所示，当含尘气流冲击到挡板 B_1 上时，惯性大的粗尘粒 d_1 碰撞当板后速度变为零（假设不发生反弹），在重力作用下将会首先沉降被分离出来；余下的较细尘粒（d_2，$d_2 < d_1$）随气流绕过挡板 B_1 继续向前流动，由于挡板 B_2 的阻挡，使气流方向再次转变，细尘粒借助离心力的作用也被分离下来。

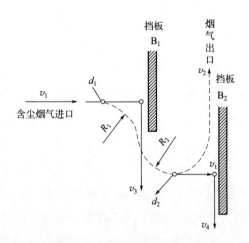

图 4-4　惯性除尘器的除尘机理

3. 惯性除尘器的结构形式与特点

惯性除尘器的结构形式主要有两种：一种是碰撞式，另一种是折转式。

（1）碰撞式惯性除尘器

碰撞式惯性除尘器又称冲击式惯性除尘器，如图 4-5 所示，是在含尘气流前方加挡板或其他形状的障碍物。碰撞式惯性除尘器可以是单级型［图 4-5 (a)］，也可以是多级型［图 4-5(b)］，但碰撞级数不宜太多，一般不超过 3～4 级，否则阻力增加很多，而效率提高不显著。图 4-5(c) 为迷宫型，可有效防止已捕集粉尘被气流冲刷而再次飞扬。这种除尘器安装的喷嘴可增加气体的撞击次数，从而提高除尘效率。

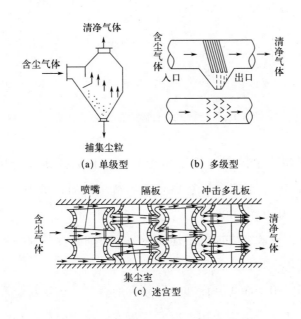

图 4-5　碰撞式惯性除尘器结构示意图

（2）折转式惯性除尘器

图 4-6 为三种折转式惯性除尘器结构示意图，其中图 4-6(a) 为弯管型，图 4-6(b) 为百叶窗型，图 4-6(c) 为多层隔板塔型。弯管型和百叶窗型折转式惯性除尘器与冲击式惯性除尘器一样，常用于烟道除尘。百叶窗型折转式惯性除尘器常用作浓聚器，常与另一种除尘器串联使用，它是由许多直径逐渐变小的圆锥体组成，形成一个下大上小的百叶式圆锥体，每个环间隙一般不大于 6mm，以提高气流折转的分离能力。一般情况，90％的含尘气流通过百叶之间的缝隙，通常急折转 150°角度，粉尘撞击到百叶的斜面上，并返回到中心气流中；粉尘在剩余 10％的气流中得到浓缩，并被引到下一级高效除尘器。

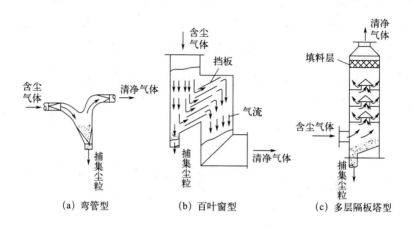

图 4-6　折转式惯性除尘器结构示意图

多层隔板塔型除尘器主要用于烟尘分离，它能捕集几个微米粒径雾滴。通常压力损失在 1000Pa 左右。在没有装填料层的隔板塔中，空塔速度为1～2m/s，压力损失为 200～300Pa。

含尘气流撞击或改变方向前的速度越高，方向转变的曲率半径越小，转变次数越多，则净化率越高，但压力损失越大。

惯性除尘器宜用于净化密度和粒径较大的金属或矿物粉尘，对于黏性和纤维性粉尘，因易堵塞，不宜采用。由于气流方向改变的次数有限，净化效率不高，也多用于多级除尘的第一级，捕集 10～20μm 以上的粗尘粒，除尘效率约为 70％，其压力损失依形式而异，一般为 100～1000Pa。

4. 惯性除尘器的设计与应用

气流速度对惯性除尘器性能影响较大。通常，惯性除尘器的气流速度越高，在气流流动方向上的转变角度越大、转变次数越多，除尘效率就越高，压力损失就越大。对于折转式惯性除尘器，气流转换方向的曲率半径越小，能分离的尘粒越小。制约惯性除尘器效率提高的主要因素是"二次扬尘"现象，因此现有的惯性除尘器的设计流速一般不超过 15m/s。惯性除尘器的清灰有时也很重要。对于连续除灰的系统，应注意装设良好的锁气装置，以防止漏风；而采用湿法除尘时，则应注意含尘气体中腐蚀性物质溶于水后对除尘装置的侵蚀以及废水处理问题。

三、过滤式除尘技术与设备

过滤式除尘器有内部过滤和表面过滤两种方式。内部过滤是把松散的滤料（如玻璃纤维、金属绒、硅砂和煤粒等）以一定的体积填充在框架或容器内作为过滤层，对含尘气体进行净化。尘粒是在过滤材料内部进行捕集的。颗粒层过滤器和作为空调用的纤维充填床过滤器属内部过滤器。表面过滤是采用织物（织物由棉、毛、人造纤维等材料加工而成）等薄层滤料，将最初黏附在织物表面的粉尘初层作为过滤层，进行微粒的捕集。由于织物一般做成袋形，故又称袋式除尘器。

（一）袋式除尘器的除尘机理

袋式除尘器是利用多孔的袋状过滤元件从含尘气体中捕集粉尘的一种除尘设备，主要由过滤装置和清灰装置两部分组成。前者的作用是捕集粉尘；后者则是定期清除滤袋上的积尘，保持除尘器的处理能力。织物滤料本身的网孔一般为 $10\sim50\mu m$，表面起绒滤料的网孔也有 $5\sim10\mu m$，因而新滤料开始使用时滤尘效率很低。但由于粒径大于滤料网孔的少量尘粒被筛滤阻留，并在网孔之间产生"架桥"现象；同时由于碰撞、拦截、扩散、静电吸引和重力沉降等作用，一批粉尘很快被纤维捕集。随着捕集量的不断增加，一部分粉尘嵌入滤料内部，一部分覆盖在滤料表面上形成粉尘初层（也称初尘层），如图 4-7 所示。由于粉尘初层及随后在其上继续沉积的粉尘层的捕集作用，过滤效率剧增，阻力也相应增大。袋式除尘器之所以效率高，主要是靠粉尘层的过滤作用，滤布只起形成粉尘层和支撑它的骨架作用。随着集尘层不断加厚，阻力越来越大，这时不仅处理风量将按所用风机和系统的压力-风量特性下降，能耗急增，而且由于粉尘堆积使孔隙率变小，气流通过的速度增大，增大到一定程度后，会使粉尘层的薄弱部分发生"穿孔"，以造成"漏气"现象，使除尘效率降低；阻力太大时，滤布也容易损坏。因此，当阻力增大到一定值时，必须及时清除滤料上的积尘。由于部分尘粒进入织物内部和纤维对粉尘的黏附及静电吸引等原因，滤料上仍有部分剩余粉尘，所以清灰后的剩余阻力（一般为 $700\sim1000Pa$）比新滤料的阻力大，效率也比新滤料的高。为保证清灰后的效率不致过低，清灰时不应破坏粉尘初层。

清灰后又开始下一个滤尘过程。

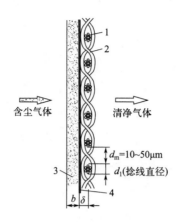

图 4-7　袋式除尘器滤尘机理

1—纬线；2—经线；3—可脱落的粉尘（粗细尘粒附着）；

4—初尘层（主要为粗粒"搭桥"）

（二）袋式除尘器的分类、结构与工作原理

袋式除尘器是采用过滤材料，使含尘气流通过过滤材料达到分离气体中固体粉尘的一种高效除尘设备，常用的有滤尘器、袋式除尘器和颗粒层除尘器。采用滤纸或玻璃纤维等填充层作滤料的滤尘器，主要用于通风机空气调节方面的气体净化；采用纤维织物作滤料的袋式除尘器，主要用于工业尾气的除尘；采用砂、砾、焦炭等颗粒作为滤料的颗粒层除尘器，也是一种高效除尘装置。

1. 袋式除尘器的分类

袋式除尘器是将棉、毛、合成纤维或人造纤维等织物作为滤料编织成滤袋，对含尘气体进行过滤的除尘装置，可用于净化粒径大于 $0.1\mu m$ 的含尘气体，其除尘效率一般可达 99% 以上，不仅性能稳定可靠，操作简单，而且所收集的干尘粒也便于回收利用。对于干燥细小的粉尘采用袋式除尘器净化较为适宜。袋式除尘器的缺点是：由于所用滤布受到温度、腐蚀等条件的限制，只适用于净化腐蚀性小、温度低于 $300℃$ 的含尘气体，不适用于黏性强、吸湿性强的含尘气体。

袋式除尘器的结构形式多种多样，通常可根据滤袋截面形状、进气口位置、过

滤方式、清灰方式、压力状态等特点不同进行如下分类。

（1）按滤袋截面形状分类

按滤袋的截面形状可分为圆筒形和扁平形两种。圆筒形袋式除尘器应用最广，其结构和连接简单，易于清灰，且受力均匀，成批换袋容易，如图 4-8 所示。其直径一般为 120～300mm，直径过小可能会造成堵灰，而直径过大则有效空间的利用率较低，因此最大不超过 600mm，滤袋长度一般为 2～3.5m，也有的长达 12m，滤袋的长径比一般为 10～25，最大可达 30～40，最佳长径比应根据滤料的过滤性能、清灰方式及设备费用来确定。扁袋的截面形状有楔形、梯形和矩形等，如图 4-9 所示。扁袋除尘器与圆袋除尘器相比，在同样体积内可多布置 20%～49% 的过滤面积，因而扁袋除尘器占地面积小，结构紧凑，处理量大，但清灰维修困难，应用较少。

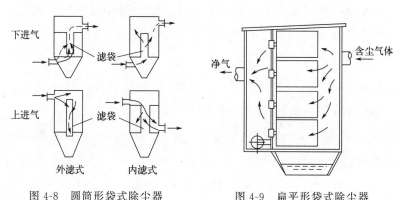

图 4-8 圆筒形袋式除尘器　　　　图 4-9 扁平形袋式除尘器

（2）按进气口位置分类

根据袋式除尘器进气口的位置不同，袋式除尘器可分为上进气式与下进气式两大类，如图 4-8 所示。采用上进气方式时，含尘气体与被分离的粉尘下落方向一致，能在滤袋上形成较均匀的粉尘层，过滤性能比较好，但配气室设在上部，使除尘器高度增加，滤袋的安装也比较复杂，并有积灰等现象。采用下进气方式时，含尘气体从除尘器下部进入，进气口一般都设在灰斗上部，粗尘粒可直接沉降于灰斗中，细粉尘接触滤袋，因此滤袋磨损小。但由于气流方向与粉尘沉降的方向相反，清灰后会使细粉尘重新附积在滤袋表面，从而降低了清灰效率，增大了阻力。下进气与上进气相比，下进气方式设计合理、构造简单、设备安装与维修方便，造价便宜，因而使用较多。

（3）按过滤方式分类

按含尘气流通过滤袋的方式不同，袋式除尘器可分为内滤式和外滤式两种，如图 4-8 所示。内滤式除尘器是含尘气体由滤袋内向滤袋外流动，尘粒被分离在滤袋内表面。其优点是：滤袋不需要设支撑骨架，且滤袋外侧为净化后的干净气体，当处理常温和无毒烟尘时，可以不停车进行内部检修，从而改善了劳动条件，对于含放射性粉尘的净化，一般多采用内滤式。外滤式除尘器是含尘气体由滤袋外向滤袋内流动，尘粒被分离在滤袋外表面。外滤式除尘器的滤袋内部必须设支撑骨架，以防止过滤时将滤袋吸瘪，但反吹清灰时由于滤袋的胀瘪动作频繁，滤袋与骨架之间易出现磨损，增加更换滤袋次数与维修的工作量，而且其维修也困难。

通常，下进气除尘器多为内滤式，外滤式要根据清灰方式来确定。如采用脉冲清灰方式的圆袋形除尘器及大部分扁袋形除尘器多采用外滤式，而采用机械振动或气流反吹清灰的圆袋形除尘器多采用内滤式。

（4）按清灰方式分类

按清灰方式袋式除尘器可分为人工拍打、机械振打、脉冲喷吹、气环反吹、逆气流反吹和声波清灰等不同种类。

① 简易清灰袋式除尘器。其结构如图 4-10 所示。简易清灰袋式除尘器的过滤风速比其他形式为低，一般为 0.2～0.8m/min，压力损失控制在 600～1000Pa，设计、使用得好时，效率可达 99%。袋径一般取 100～400mm，袋长一般为 2～6m，袋间距 40～80mm。各滤袋组之间留有不小于 600mm 宽的检

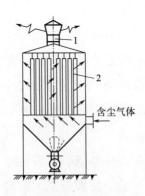

图 4-10　简易清灰袋式除尘器

1—排风帽；2—滤袋

修或换袋通道。这种袋式除尘器结构简单，安装操作方便，投资省，对滤料的要求不高，维修量少，滤袋寿命长等。其主要缺点是过滤风速小，其体积庞大，所以占地面积大；正压运行时工作环境差，所以不易处理含尘浓度过高的气体，要求入口气体浓度一般不超过 $3\sim5g/m^3$。

② 机械振动清灰袋式除尘器。图 4-11 为机械振动清灰袋式除尘器，其结构的主要设计参数为频率，即每分钟的振动次数、振幅（滤袋顶部移动距离）和振动连续时间。机械振动清灰袋式除尘器结构简单，清灰效果好，清灰耗电少，适用于含尘浓度不高、间歇性尘源的除尘，当采用多室结构、设阀门控制气路开闭时，也可用于连续性尘源的除尘。

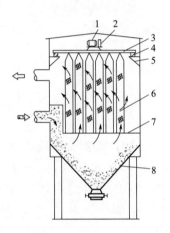

图 4-11 机械振动清灰袋式除尘器

1—电动机；2—偏心块；3—振动架；4—橡胶垫；5—支座；

6—滤袋；7—花板；8—灰斗

机械振动清灰袋式除尘器的过滤风速一般取 $0.6\sim1.6m/min$，压力损失为 $800\sim1200Pa$。

③ 脉冲喷吹袋式除尘器。脉冲喷吹袋式除尘器结构如图 4-12 所示，含尘气体由下部进入除尘器中，粉尘阻留在滤袋外表面上，透过滤袋的洁净气体经文丘里管（文氏管）进入上部箱体，从出气管排出。

当滤袋表面的粉尘负荷增加到一定时，由脉冲控制仪发出指令，按顺序触发各控制阀，开启脉冲阀，使气包内的压缩空气从喷吹管各喷孔中喷出一次空气流（其速度接近声速），通过引射器诱导二次气流一起喷入滤袋，造成滤袋

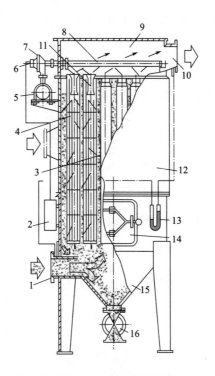

图 4-12　脉冲喷吹袋式除尘器的结构

1—进气口；2—控制仪；3—滤袋；4—滤袋框架；5—气包；6—排气阀；7—脉冲阀；

8—喷吹管；9—净气箱；10—净气出口；11—文氏管；12—除尘箱；

13—U 形压力计；14—检修门；15—灰斗；16—卸尘阀

急剧膨胀、振动、收缩，从而使附着在滤袋上的粉尘脱落。

　　脉冲喷吹系统由脉冲控制仪、控制阀、压缩空气包、脉冲阀、喷吹管和文丘里管组成。脉冲阀和排气阀在滤袋清灰过程中起着控制作用，实现自动清灰。除尘器每清灰一次称为一个脉冲。全部滤袋完成一个清灰循环的时间称为脉冲周期，通常为 60s，而脉冲阀喷吹一次的时间即喷吹时间，称为脉冲宽度，通常为 0.1～0.2s。当除尘器过滤风速小于 3m/min，进口含尘浓度为 5～10g/m³ 时，脉冲周期可取 60～120s；当含尘浓度小于 5～10g/m³ 时，脉冲周期可增加到 180s。而当除尘器过滤风速大于 3m/min，进口含尘浓度大于 10g/m³ 时，脉冲周期可取 30～60s。当喷吹压力为 7MPa 时，脉冲宽度取 0.1～0.12s；当喷吹压力为 6MPa 时，脉冲宽度取 0.15～0.17s；当喷吹压力为 5MPa 时，脉冲宽度取 0.17～0.25s。

脉冲喷吹袋式除尘器的净化效率可达到99％以上，允许较高的过滤风速（通常取2～4m/s），压力损失为1000～1500Pa，过滤负荷较高滤布磨损较轻，使用寿命较长，运行安全可靠，但电耗较大，对高浓度、含湿量较大的含尘气体净化效果较低，脉冲控制系统复杂，维护管理水平要求较高。

④ 回转反吹清灰扁袋式除尘器。回转反吹清灰扁袋式除尘器的结构如图4-13所示，梯形扁袋沿圆筒呈放射状布置，反吹风管由轴心向上与悬臂管连接，悬臂管下面正对滤袋导口设有反吹风口，悬臂管由专用电动机及减速机构带动旋转，转速为1～2r/min。当含尘气体切向进入过滤室上部空间时，大颗粒及凝聚尘粒在离心力作用下沿筒壁旋转落入灰斗，细微粒粉尘则弥散于袋间空隙，然后被滤袋过滤阻留。净气穿过袋壁经花板上滤袋导口进入净气室，由排气口排走。

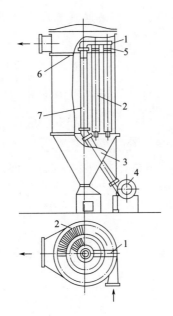

图 4-13　回转反吹清灰扁袋式除尘器的结构

1—悬臂风管；2—滤袋；3—灰斗；4—反吹风机；5—反吹风口；6—花板；7—反吹风管

反吹风机构采用定阻力自动控制。当滤袋阻力达到控制上限时，由压差变送器发出信号，自动起动反吹风机工作，具有足够动量的反吹风气流由悬臂管反吹风口吹入滤袋，阻挡过滤气流并改变滤袋压力工况，引起滤袋振动，抖落袋外积尘。依次反吹滤袋，当滤袋阻力下降到控制下限时，反吹风机自动停吹。反吹风的压力约为5kPa，风量为过滤风量的5%～10%，每只滤袋的反吹风时间约为0.5s。对黏性较大的细尘，过滤风速一般取1～1.5m/min，对黏性小的粗尘，过滤风速一般取2～2.5m/min。压力损失为800～1200Pa。

回转反吹清灰扁袋式除尘器由于单位体积内过滤面积大，采用圆筒形外壳抗爆性能好，滤袋寿命长，清灰效果好并能自动化运行，安全可靠，维护简便，因而国内发展很快。其不足是内、外圈滤袋的反吹时间不同，滤袋易损伤，各滤袋的阻力和负荷皆有差别等。

⑤ 逆气流清灰袋式除尘器。逆气流清灰是指清灰时的气流方向与过滤时的气流方向相反，其形式有反吹风与反吸风两种。图4-14为逆气流吸风清灰袋式除尘器，这种袋式除尘器常被分隔成若干个室，每个室都有单独的灰斗及含尘气体进口管，清洁气体出口管和反吸风管，并分别与进气总管和反吸风总管相连，进气管中设有进气阀（一次阀），反吸风管中设有反吸风阀（二次阀），图4-14(a)为正常过滤状态，一次阀开启，二次阀关闭。根据预定的周期（定时控制）或除尘器压力损失达到预定值（定压控制）需要清灰时，控制仪发出指令，清灰机构开始动作，一次阀关闭，二次阀开启，如图4-14(b)所示。这时除尘器内的负压使空气从反吸风管吸入，滤袋变形（呈星形）使粉尘层破坏，脱落。清灰结束后，两阀都关闭，如图4-14(c)所示，袋内无风，使袋内悬浮的粉尘自然沉降。过一定时间后重新恢复过滤

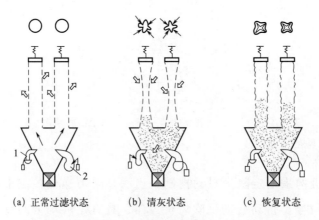

（a）正常过滤状态　　　（b）清灰状态　　　（c）恢复状态

图4-14　逆气流吸风清灰袋式除尘器示意图

1—反吹风阀；2—进气阀

状态，再转为下一个过滤室清灰。清灰时间一般为 3～5min，其中反吸风时间约为 10～20s，清灰周期为 0.5～3h，依气体含尘浓度、粉尘及滤料特性等因素而定。

逆气流清灰袋式除尘器的过滤风速通常为 0.5～1.2m/min，压力损失控制在 1000～1500Pa。该除尘器具有结构简单、清灰效果好、维修方便、滤袋损伤少，特别适用于玻璃纤维袋等特点。

⑥ 气环反吹清灰袋式除尘器。这种除尘器的结构及清灰过程如图 4-15 所示，气环箱紧套在滤袋外部，可做上下往复运动。气环箱内紧贴滤袋处开有一条环缝（即气环喷管），袋内表面沉积的粉尘被气环喷管喷射出的高压气流吹掉。清灰耗用的反吹空气量为处理气量的 8%～10%，风压为 3000～10000Pa。当处理潮湿或稍黏性粉尘时，反吹气需要加热到 40～60℃。这种除尘器的过滤风速高（4～6m/min），可以净化含尘浓度较高和较潮湿含尘气体；其缺点是滤袋磨损快，气环箱及其传动机构有时发生故障。压力损失为 1000～1200Pa。

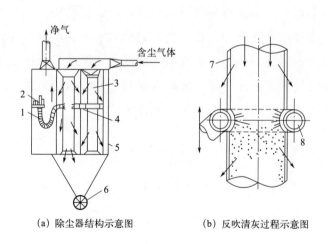

(a) 除尘器结构示意图　　　(b) 反吹清灰过程示意图

图 4-15　气环反吹清灰袋式除尘器

1—软管；2—反吹风机；3，7—滤袋；4—气环箱；5—外壳体；6—卸灰阀；8—气环

（5）按除尘器内的压力状态分类

按除尘器内的压力状态可分为负压式除尘器和正压式除尘器。入口含尘气体处于正压状态称为正压式。风机设置在除尘器之前，使除尘器在正压状态下

工作，由于含尘气体先经过风机后才进入除尘器，对风机的磨损较为严重，因此不适用于高浓度、粗尘粒、高硬度、强腐蚀性和附着性强的粉尘。入口含尘气体处于负压状态称为负压式。风机设置在除尘器之后，使除尘器在负压状态下工作，此时除尘器必须采取密封机构，由于含尘气体经净化后再进入风机，因此对风机的磨损很小，在用于处理高湿度、有毒气体时，除尘器本身应采取严格密闭和保温措施，这种除尘器造价较高。

2. 袋式除尘器的结构与工作原理

图 4-16 所示为袋式除尘器的结构简图，它主要由滤袋、箱体、清灰机构、灰斗、排灰机构等部分组成。当含尘气流从除尘器下部进入圆筒形滤袋，在通过滤料的孔隙时，粉尘被捕集于滤料上，透过滤料的洁净气体由净化气体出口排出。沉积在滤料上的粉尘可在振打的作用下从滤料的表面脱落，落入灰斗中。粉尘因截留、惯性碰撞、黏附、静电和扩散等作用，在滤袋表面逐渐形成粉尘层，该层称为粉尘初层。粉尘初层形成后，它成为袋式除尘器的主要过滤层，提高了除尘效率。滤布仅仅起着形成粉尘初层和支撑它的骨架作用，但随着粉尘在滤布上积聚，滤袋两侧的压力差增大，会把已附在滤料上的有些细粉尘挤压过去，使除尘效率下降。在滤袋上的粉尘积聚会增加气体通过滤袋的阻力，若阻力过大，则会降低除尘系统的处理能力，同时显著增大气体量，影响生产系统的排风效果。因此，除尘器阻力达到一定数值后，需要及时清灰。清灰不应破坏粉尘初层，否则会使除尘效果显著下降。

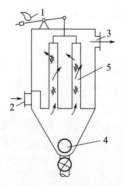

图 4-16　袋式除尘器的结构简图

1—振打机构；2—含尘气体进口；3—净化气体出口；

4—排灰装置；5—滤袋

第四节 气态污染物生物净化技术与设备

一、微生物净化气态污染物的原理

（一）气态污染物生物净化的原理

在适宜的环境条件下，微生物不断地吸收营养物质，并按照自己的代谢方式进行新陈代谢活动。废气的生物净化处理正是利用微生物新陈代谢过程中需要营养物质这一特点，把废气中的有害物质转化成简单的无机物，如二氧化碳、水等，以及细胞物质。

微生物净化有机废气的过程，如图 4-17 所示，通常认为有以下三步：①有机废气首先与水（液相）接触，由于有机污染物在气相和液相的浓度差，以及有机物溶于液相的溶解性能，使得有机污染物从气相进入到液相（或者固体表面的液膜内）；②进入液相或固体表面生物层（或液膜）的有机物被微生物吸收（或吸附）；③进入微生物细胞的有机物在微生物代谢过程中作为能源和营养物质被分解、转化成无害的化合物。

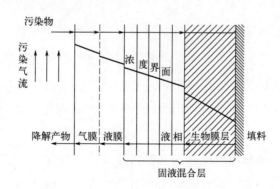

图 4-17 微生物净化气态污染物的传质降解模型

一般不含氮、硫的污染物分解的最终产物为 CO_2；含氮物被微生物分解时，经氨化作用释放出氨，氨又可被另外一类微生物的硝化作用氧化为亚硝酸，再氧化成硝酸；含硫物质经微生物分解释放出硫化氢，硫化氢又可以被另外一类微生物的硫化作用氧化成硫酸。产生的代谢物，一部分溶入液相，一部分（如 CO_2）析出到气相，还有一部分可以作为细胞物质或细胞代谢的能源。有机物在经过上述过程中不断转化、减少，废气从而被净化。

气态污染物的生物处理过程也是人类对自然过程的强化和工程控制，其过程的速度取决于：①气相向液固相的传质速度（与污染物的理化性质和反应器的结构等因素有关）；②能起降解作用的活性生物质量；③生物降解速度（与污染物的种类、生物生长环境条件、抑制作用等有关）。各种气态污染物的生物降解效果，见表 4-4 所示。

表 4-4　微生物对各种气态污染物的生物降解效果

化合物	生物降解效果
甲苯、二甲苯、甲醇、乙醇、丁醇、四氢呋喃、甲醛、乙醛、丁酸、三甲胺	非常好
苯、丙酮、乙酸乙酯、苯酚、二甲基硫、噻吩、甲基硫醇、二硫化碳、酰胺类、吡啶、乙腈、异腈类、氯酚	好
甲烷、戊烷、环己烷、乙醚、二氯甲烷	较差
1,1,1-三氯甲烷	无
乙炔、异丁烯酸甲酯、异氰酸酯、三氯乙烯、四氯乙烯	不明

（二）废气生物降解的微生物分类

按获取营养的方式不同，可用于废气生物降解的微生物分为两类：自养型和异养型。自养型细菌的生长可以在没有有机碳源和氮源的条件下，靠 NH_3、H_2S、S 和 Fe^{2+} 等的氧化获得必要的能量，故这一类微生物特别适用于无机物的转化。但由于能量转换过程缓慢，这些细菌生长的速度非常慢，其生物负荷不可能很大，因此在工业上应用困难较多，仅有少数场合和工艺被采用。如采用硝化、反硝化及硫酸菌等去除浓度不太高的臭味气体硫化氢、氨等。异养型微生物则通过对有机物的氧化分解来获得营养物和能量，适宜于有机污染物的分解转化，在适当的温度、酸碱度和有氧的条件下，该类微生物能较快地完成污染物的降解。事实上，国内外广泛应用的是用异养菌降解如乙醇、硫醇、酚、吲哚、脂肪酸、乙醛、胺等有机物。目前，处理有机废气主要应用微生物的好氧降解特性。

在废气生物处理系统中，微生物是工作的主体，只有了解和掌握微生物的基本生理特性，筛选、培育出优势高效菌种，才能获得较好的净化效果。以一种物质作为目标污染物的微生物菌种一般是通过污泥驯化或纯培养的方法来进行的，见表4-5所示。而对于含有复杂的、多种污染成分的目标污染物，则必须用混合培养的方法，驯化、培育出分工、协作的微生物菌群来完成污染物的降解任务。

表 4-5　用于废气污染控制的一些微生物菌属

微生物种类	目标污染物	举例
假单胞菌属	小分子烃类	乙烷
诺卡氏菌属	小分子芳香族化合物	二甲苯、苯乙烯
黄杆菌属	氯代化合物	氯甲烷、五氯苯酚
放线菌	芳香族化合物	甲苯
真菌	聚合高分子	聚乙烯
氧化亚铁硫杆菌	无机硫化物	二氧化硫、硫化氢
氧化硫硫杆菌	有机硫化物	硫醇

二、生物净化气态污染物的反应器

（一）生物净化反应器的分类

在气态污染物生物处理过程中，根据系统中微生物的存在形式，可将生物处理工艺分成悬浮生长系统和附着生长系统。悬浮生长系统的微生物及其营养物存在于液体中，气相中的有机物通过与悬浮液接触后转移到液相，从而被微生物降解，其典型的形式有鼓泡塔、喷淋塔及穿孔板塔等生物洗涤器。而附着生长系统中微生物附着生长于固体介质表面，气态污染物通过由滤料介质构成的固定床层时，被吸附、吸收，最终被微生物降解。典型的形式有土壤、堆肥、填料等材料构成的生物过滤器。生物滴滤器则同时具有悬浮生长系统和附着生长系统的特性。

按照生物净化反应器中的液相是否流动以及微生物群落是否固定，反应器可分为三类：生物过滤器、生物洗涤器、生物滴滤器，它们各自的特点见表4-6所示。

表 4-6　生物净化反应器类型与特点

类型	微生物群落	液相状态
生物过滤器	固着	静止
生物洗涤器	分散	流动
生物滴滤器	固着	流动或间歇流动

生物过滤器的液相和生物群落都固定于填料中；生物洗涤器的液相连续流动，其微生物群落也自由分散在液相中；生物滴滤器的液相是流动或间歇流动的，而微生物群落则固定在过滤床上。

（二）生物净化反应器的工作原理

1. 生物洗涤器

生物洗涤器也称生物吸收塔，如图 4-18 所示。它是利用由微生物、营养物和水组成的微生物吸收液处理废气，适合于吸收可溶性气态污染物。吸收了废气的含微生物混合液再进行好氧处理，去除液体中吸收的污染物，经处理后的吸收液再循环使用。因此，该工艺通常由吸收或吸附与生物降解两部分组成。当气相的传质速度大于生化反应速度时，可视为慢化学反应吸收过程，一般可采用这一工艺。其典型的形式有喷淋塔、鼓泡塔及穿孔板塔等生物洗涤器。

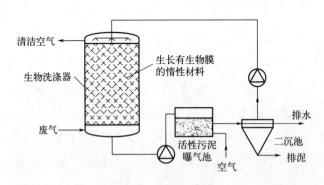

图 4-18　生物洗涤器

2. 生物过滤器

生物过滤器又称为生物滤池，如图 4-19 所示。含有机污染物的废气经过增湿器，具有一定的湿度后，进入生物过滤器，通过 0.5～1m 厚的生物活性填料，有机污染物从气相转移到生物层，进而被氧化分解。

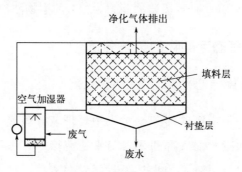

图 4-19　生物过滤器

在目前的生物净化有机废气领域，该法应用最多，其净化效率一般在 95％以上。生物活性填料是由具有吸附性的滤料（土壤、堆肥、活性炭等），附着能降解、转化有机物的微生物构成的。滤料不同，脱除效果及适宜的工艺参数也有所不同，可分为土壤过滤及堆肥过滤两种。

3. 生物滴滤器

生物滴滤器也称为生物滴滤池，如图 4-20 所示，它由生物滴滤池和贮水槽构成。生物滴滤池内充以粗碎石、塑料、陶瓷等一类不具吸附性的填料，填料表面是微生物体系形成的几毫米厚的生物膜。填料比表面积为 $100\sim300m^2/m^3$，这样的结构使得气体通道较大，压降较小，不易堵塞。

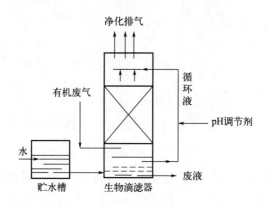

图 4-20　生物滴滤器

与生物滤池相比，生物滴滤池的工艺条件可以很容易地通过调节循环液的 pH 值、温度来控制，因此，滴滤池很适宜于处理含卤代烃、硫、氮等有机废气的净化，因为这些污染物经氧化分解后有酸产生。同时，由于生物滴滤池的单位体积填料层内微生物浓度较高，处理废气的能力为相应的生物滤池的 2～3 倍。

三、生物净化气态污染物的工艺分析

（一）生物净化气态污染物的洗涤工艺

生物洗涤工艺一般由吸收器和废水生物处理装置组成，一般流程如图 4-21 所示。气态污染物从吸收器底部通入，与水逆流接触，污染物被水或生物悬浮液吸收后由顶部排出，污染了的水从吸收器底部流出，进入生物反应器经微生物再生后循环使用。

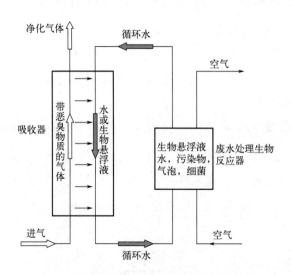

图 4-21　生物洗涤处理气态污染物工艺流程

目前，生物洗涤工艺常用的方法如下。

（1）活性污泥法。利用污水处理厂剩余的活性污泥配制混合液，作为吸收剂处理废气。活性污泥混合液对废气的净化效率与活性污泥的浓度、pH 值、溶解氧、曝气强度等因素有关，还受营养盐的投入量、投加时间和投加方式的影响。在活性污泥中添加 5%（质量分数）粉状活性炭，能提高分解能力，并起消泡作用。吸收设备可用喷淋塔、板式塔或鼓泡反应器等。该方法对脱除复合型臭气效果很好，脱除效率可达 99%，而且能脱除很难治理的焦臭。

（2）微生物悬浮法。用由微生物、营养物和水组成吸收剂处理废气，该方法的原理、设备和操作条件与活性污泥法基本相同，由于吸收液接近清液，设备堵塞可能性更少，适合于吸收可溶性气态污染物。

（二）生物净化气态污染物的过滤工艺

生物过滤处理工艺如图 4-22 所示。由图可见，废气首先经过预处理，然后经过气体分布器进入生物过滤器，废气中的污染物从气相主体扩散到介质外层的水膜而被介质吸收，同时氧气也由气相进入水膜，最终介质表面所附的微生物消耗氧气而把污染物分解或转化为二氧化碳、水和无机盐类。微生物所需的营养物质则由介质自身供给或外加。生物滤池由滤料床层（生物活性充填物）、沙砾层和多孔布气管等组成。多孔布气管安装在沙砾层中，在池底有排水管排出多余的积水。

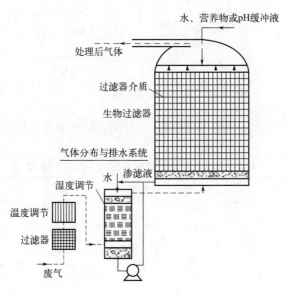

图 4-22 生物过滤处理工艺

四、生物法净化气态污染物的应用

（一）生物洗涤（吸收）装置的应用

1. 动物脂肪加工厂气态污染物的生物法处理

气态污染物由含有氨、胺、硫、醇、脂肪酸、乙醛和酮的气体组成。采用的吸收反应器是二级工作的填充塔。第一级用弱酸性（pH≈5.5）吸收剂吸收弱碱性和中性有机物及氨，第二级用弱碱性（pH≈9）吸收剂吸收其他污染物。吸收剂为微生物悬浮液。该动物脂肪加工厂气态污染物的生物处理系统如图 4-23 所示，其该生物反应器处理系统的主要技术数据见表 4-7。

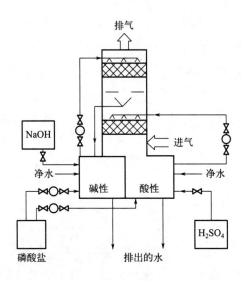

图 4-23　动物脂肪加工厂气态污染物的生物处理系统

表 4-7　生物反应器处理系统的主要技术数据

技术数据	动物脂肪加工厂	轻金属铸造厂
气体流量/（m³/h）	40000	2×60000
气体最高温度/K	308	308
输入气体浓度	2000～20000Nod①	60～100mL/m³（以丙烷计）
净化后气体浓度	50Nod	6mg/m³（以酚计）
气体平均停留时间/s	4	9
气液比/（m³/m³）	—	346.8
气体压降/Pa	1200	400～600
能耗/（kJ/m³）	5.76	7.20
原料消耗/（kg/h）	NaOH(纯):0.1,H₂SO₄(纯):2.0	—
设备材料	聚乙烯和聚氯乙烯	聚乙烯和聚氯乙烯

①　Nod 是臭味单位。

2. 轻金属铸造厂气态污染物的生物法处理

轻金属铸造厂气态污染物含有胺、酚和乙醛等污染物。该处理系统由两个并联的吸收器、生物反应器及辅助设备组成。在第一级中，气态污染物中的粉尘和碱性污染物被弱酸性吸收剂清除；在第二级中，气体与生物悬浮液接触。两个吸收器各配一个生物反应器，用压缩空气向反应器里供氧。当反应器效果较差时，可由营养物贮槽向反应器内添加营养物供给细菌。该生物处理系统如图 4-24 所示，其该系统的主要技术数据见表 4-7。

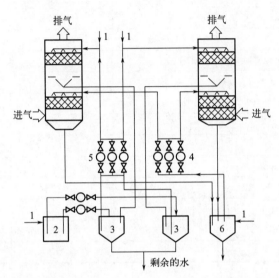

图 4-24　轻金属铸造厂气态污染物的生物处理系统

1—新鲜水；2—营养物贮槽；3—生物反应器；4—第一级泵；5—第二级泵；6—吸收液贮槽

（二）生物过滤装置的应用

1. 堆肥场、动物饲养场和动物脂肪加工厂废气的生物过滤法处理

采用生物过滤装置，对堆肥场和动物脂肪加工厂的废气中所含臭味物质（主要是乙醇、丁二酮、丙酮、戊二胺、腐胺、氨、硫醇、硫化氢、脂肪酸、醛、苎烯及其他碳氢化合物）进行净化处理。滤料采用堆肥，滤层厚度不应小于 1000mm，气体分配层厚度约 300mm。

采用生物过滤装置，对动物饲养场的废气含多种有机和无机臭味物质（如氨、胺、乙醇、酯、酚和吲哚等）进行净化处理。过滤材料是由柴草和纤维状泥炭混合而成。为防止粉尘堵塞砾石配气层，可对废气进行预除尘处理。

该生物过滤装置的主要技术数据见表 4-8。动物饲养场废气生物滤池如图 4-25所示。

表 4-8　三种生物滤池的主要技术数据

技术数据	堆肥厂	动物脂肪加工厂	动物饲养场
过滤材料	固体废弃物堆肥	固体废弃物堆肥	柴草和纤维状泥炭
输入气体量/(m³/h)	16000	25000	11000
过滤面积/m²	264	288	39
滤层厚度/m	1	1	0.5
滤料堆积密度/(kg/m³)	700	700	380
空隙率/%	40~60	40~60	75~90
气体在滤层中平均停留时间/s	24	17	≥5
过滤负荷/[m³/(m²·h)]	60	88	282
气体通过滤层的压降/Pa	1600~1800	1600~1800	40~70
滤层湿度/%	40~60	40~60	25~75
输入气体浓度/(mg/m³)	230	45	6~70Nod
净化后气体浓度/(mg/m³)	8.3	3.5	2.0~7.0Nod
输入气体温度/K	301	303	291~305
耗水量/(m³/m²)	0.4~0.7	0.5~0.8	0.3~0.6
耗电量/(kJ/m³)	2.16~2.88	2.88~3.60	0.58~0.65
预除尘器	希望有	希望有	希望有

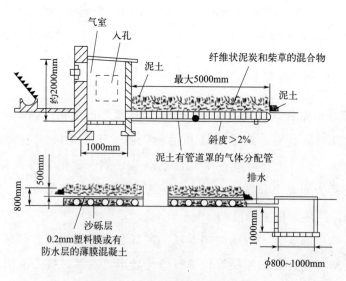

图 4-25　动物饲养场废气生物滤池

2. 炼油厂废气的生物过滤法处理

采用生物过滤池，在炼油厂处理 40000m³/h 的废气，处理结果及所需费用见表 4-9。

表 4-9 炼油厂废气的生物过滤法处理与其他方法处理的比较

控制技术		总投资/千美元	年折旧/千美元	年运行费用/千美元	年总费用/千美元
生物过滤	去除 95% VOCs	7000～12000	1100～1900	1000～3000	2100～4900
	去除 98%苯	500～1150	80～185	40～120	120～305
	去除 98%的臭味成分	250～420	40～70	40～85	80～155
燃烧技术		800～1000	130～160	200	300～360
活性炭吸附(用蒸气再生)		840	134	135	270

注：假设设备寿命为 10 年，年利率 10%。

（三） 生物滴滤装置的应用

采用生物滴滤池处理挥发性有机物（VOCs）、有害空气污染物质（HAPs）和海边污水处理厂的恶臭排放物，能去除的污染物包括酚、丁酮、苯、甲苯、乙苯、二甲苯、硫化氢等，总的去除率达到 85% 以上。

对来自工业废水、炼油厂的处理池的废气处理流程为：污染气体下向流，同循环的液体一起运行，经过两个生物滴滤池（填料是 455kg 的活性炭）处理后排放。系统的设计参数为：空气进气流速 3000m³/h，反应器尺寸为 3.1m× 9.1m，完全由玻璃纤维合成树脂制成，滤床体积为 31m³，气体停留时间为 36s，平均有机负荷率大约是 12g/(m³·h)。

第五章
放射性污染的危害与监测

人类活动所产生的噪声污染、光污染、电磁污染和热污染对环境产生了广泛而严重的负面影响，对整个社会同样有着不小的影响，而放射性污染的危害也是不容小觑的。随着原子能工业的迅速发展以及放射性同位素的广泛应用，环境中的放射性水平可能已经在天然本底数值之上，或者已经超出了规定标准，那么这样的放射性污染在一定程度上肯定会影响着人类与动植物的生存，所以合理有效地对环境进行放射性物质监测是非常重要的。

第一节 放射性污染的基础知识

一、放射性污染的来源

自然界中各种物质都是由元素组成的，而组成元素的基本单位是原子。原子是由原子核和围绕原子核按一定能级运动的电子所组成，原子核由中子和质子组成，通常把具有相同质子数而不同中子数的元素称为同位素。各种同位素的原子核分为两类：一类是能够稳定的原子核；另一类是不稳定的原子核，这种不稳定的原子核能自发地有规律地改变其结构而转变成另外一种原子核，这种现象称为核衰变或放射性衰变。在衰变的过程中，总是放出具有一定动能的带电或不带电的粒子，如 α、β 和 γ 射线，这种现象称为放射性。如 ^{16}O、^{17}O、^{18}O 就是天然氧的 3 种非放射性同位素，^{234}U、^{235}U、^{238}U 就是铀的 3 种放射性同位素。

天然不稳定原子核自发放出射线的特性称为"天然放射性"，通过核反应由人工制造出来的原子核的放射性称为"人为放射性"。

（一）天然放射性来源

1. 宇宙射线

宇宙射线是从宇宙空间辐射到地球表面的射线，它由初级宇宙射线和次级宇宙射线组成。初级宇宙射线是指从外层空间射到地球大气的高能辐射，主要由质子、α 粒子、原子序数为 4～26 的原子核及高能电子所组成，初级宇宙射线的能量很高，穿透力很强。初级宇宙射线与地球大气层中的氧或氮原子核相互作用，产生的次级粒子和电磁辐射称为次级宇宙射线，次级宇宙射线能量比初级宇宙射线低。大气层对宇宙射线有强烈的吸收作用，到达地面的几乎全是次级宇宙射线。

2. 天然放射性核素

天然放射性核素是指具有一定原子序数和中子数，处于特定能量状态的原子。自然界中天然放射性核素主要包括以下 3 个方面：轻放射性核素，主要是初级宇宙射线与大气层中某些原子核反应的产物，如 ^3H、^{14}C 等；中等质量放射性核素，这类核素数量不多，如 ^{40}K、^{87}Rb 等；重放射性核素，指原子序数大于 83 的天然放射性核素，一般分为铀系、钍系及锕系 3 个放射性系列。它们大都放射 α 粒子，有的随 α、β 衰变同时放出 γ 射线。

放射线中有 α 射线、β 射线、γ 射线、X 射线等 4 种放射线，它们可分为电磁波和高速运动的粒子流。而粒子流又可分为带电荷与不带电荷的。

（二）人为放射性来源

随着核工业和军事工业的发展及一些核素的各种应用，使大气中的放射性物质不断增加，环境中的放射性水平高于天然本底值或超过规定标准，造成了放射性污染。引起环境放射性污染的来源主要是人为放射源。人为放射性污染源有废水、核武器试验、核工业的铀矿开采、矿石加工、核反应堆和原子能电站及燃料后处理、核动力潜艇和航空器、高能加速器以及医学科研、工农业各部门开放性使用放射性核素等。另外，日常生活中也有放射性物质，如磷肥、打火石、火焰喷射玩具、夜光表、彩色电视机、装饰用大理石等均可产生不同强度和剂量的放射线。

二、放射性污染度量单位

（一）放射性活度

放射性活度（强度）（radio activity）是度量放射性物质的一种物理量，它以放射性物质在单位时间内发生的核衰变数目来表示。活度单位为贝可勒尔，简称贝可，用符号 Bq 表示。1Bq 表示放射性核素在 1s 内发生 1 次衰变。放射性活度反映某种放射性核素的数量值，该值的大小与核衰变相关。可表示为

$$A = \frac{dN}{dt} = \lambda N \tag{5-1}$$

式中　A——放射性强度，Bq 或 s^{-2}；

　　　N——某时刻的核素数；

　　t——时间，s；

　　λ——衰变常数，表示放射性核素在单位时间内的衰变概率，s^{-2}。

（二）吸收剂量

　　电离辐射在机体的生物效应与机体所吸收的辐射能量有关。吸收剂量（absorbed dose）是反映物体对辐射能量的吸收状况，是指在电离辐射与物质发生相互作用时，单位质量的物质吸收电离辐射能量大小的物理量。其定义为

$$D = \frac{\mathrm{d}\overline{E}_D}{\mathrm{d}m} \tag{5-2}$$

　　式中　D——吸收剂量，单位为戈瑞，由符号 Gy 表示，1Gy 表示任何 1kg 物质吸收 1J 的辐射能量，即 $1Gy = 1J/kg$；

　　　　$\mathrm{d}\overline{E}_D$——电离辐射给予质量为 $\mathrm{d}m$ 的物质的平均能量。

（三）剂量当量

　　电离辐射所产生的生物效应与辐射的类型、能量等有关。尽管吸收剂量相同，但若射线类型、照射条件不同时，对生物组织的危害程度是不同的。因此在辐射防护工作中引入了剂量当量（equivalent dose）这一概念，以表证所吸收辐射能量对人体可能产生的危害情况。剂量当量定义为在生物机体组织内所考虑的一个体积单元上吸收剂量、品质因子和所有修正因素的乘积，即

$$H = DQN \tag{5-3}$$

　　式中　H——剂量当量，单位是 Sv，$1Sv = 1J/kg$；

　　　　D——吸收剂量，Gy；

　　　　Q——品质因子；

　　　　N——所有其他修正因素的乘积。

　　品质因子 Q，用以粗略地表示吸收剂量相同时各种辐射的相对危险程度。Q 越大，危险性越大。Q 值是依据各种电离辐射带电粒子的电离密度而相应规定的。国际放射防护委员会建议对内外照射皆可使用表 5-1 给出的品质因子 Q 值。

在辐射防护中应用剂量当量，可以评价总的危险程度。

表 5-1　各种辐射的品质因子

辐射类型	品质因子	辐射类型	品质因子	辐射类型	品质因子
X、γ射线和电子	1	快中子（>10keV）	10	反冲核	20
中子（<10keV）	3	α粒子	10		

（四）照射量

照射量（exposure dose）是指在一个体积的单元的空气中（质量为 dm），γ 或 X 射线全部被空气所阻止时，空气电离所形成的离子总电荷的绝对值（负的或正的），其单位是 C/kg(库伦/kg)。通常照射量用符号"X"表示。其关系式如下：

$$X = \frac{dQ}{dm} \tag{5-4}$$

式中　　dQ——一个体积单元内形成的离子的总电荷绝对值，C；

　　　　dm——一个体积单元中空气的质量，kg。

照射量只使用 X 射线和 γ 射线辐射透过空气介质的情况，不能用于其他类型的辐射和介质。照射量有时用照射率 x 来表示，其定义为单位时间内的照射量，单位是 C/(kg·s)。

三、放射性核素在环境中的分布

（一）土壤和岩石中的分布

土壤和岩石中天然放射性核素的含量变动很大，主要决定于岩石层的性质及土壤的类型。某些天然放射性核素在土壤和岩石中含量的估计值见表 5-2 所示。

表 5-2　土壤、岩石中天然放射性核素的含量

核素	土壤/(Bq/g)	岩石/(Bq/g)
^{40}K	$2.96 \times 10^{-2} \sim 8.88 \times 10^{-2}$	$8.14 \times 10^{-2} \sim 8.14 \times 10^{-1}$
^{226}Ra	$3.7 \times 10^{-3} \sim 7.03 \times 10^{-2}$	$1.48 \times 10^{-2} \sim 4.81 \times 10^{-2}$
^{232}Th	$7.4 \times 10^{-4} \sim 5.55 \times 10^{-2}$	$3.71 \times 10^{-3} \sim 4.81 \times 10^{-2}$
^{238}U	$1.11 \times 10^{-3} \sim 2.22 \times 10^{-2}$	$1.48 \times 10^{-2} \sim 4.81 \times 10^{-2}$

（二）　水体中的分布

海水中天然放射性核素主要是^{40}K、^{226}Ra 和铀系元素。其含量与所处地理区域、流动状态、淡水和淤泥入海情况等因素有关。淡水中天然放射性核素的含量与所接触的岩石、水文地质、大气交换及自身理化性质等因素有关。一般地下水所含放射性核素高于地面水，且铀、镭的变化大。各类淡水中^{226}Ra 及其子体产物的含量，见表 5-3 所示。

表 5-3　各类淡水中^{226}Ra 及其子体产物的含量

核素	矿泉及深井水/(Bq/L)	地下水/(Bq/L)	地面水/(Bq/L)	雨水/(Bq/L)
^{226}Ra	$3.7\times10^{-2}\sim3.7\times10^{-1}$	$<3.7\times10^{-2}$	$<3.7\times10^{-2}$	—
^{222}Rn	$3.7\times10^{2}\sim3.7\times10^{3}$	$3.7\sim37$	3.7×10^{-1}	$3.7\times10\sim3.7\times10^{3}$
^{210}Pb	$<3.7\times10^{-3}$	$<3.7\times10^{-3}$	$<1.85\times10^{-2}$	$1.85\times10^{-2}\sim1.11\times10^{-1}$
^{210}Po	$\approx7.4\times10^{-4}$	$\approx3.7\times10^{-4}$	—	$\approx1.85\times10^{-2}$

（三）　大气中的分布

多数放射性核素均可出现在大气中，但主要是氡的同位素（特别是^{222}Rn），它是镭的衰变产物，能从含镭的岩石、土壤、水体和建筑材料中逸散到大气，其衰变产物是金属元素，极易附着于气溶胶颗粒上。

大气中氡的浓度与气象条件有关，日出前浓度高，日中较低，二者间可相差 10 倍以上。一般情况下，陆地和海洋上的近地面大气中氡的浓度分别在 $1.11\times10^{-3}\sim9.61\times10^{-3}$ Bq/L 和 $1.9\times10^{-3}\sim2.2\times10^{-3}$ Bq/L 范围。

（四）　动植物组织中的分布

任何动植物组织中都含有一些天然放射性核素，主要有^{40}K、^{226}Ra、^{14}C、^{210}Pb 和^{210}Po 等。其含量与这些核素参与环境和生物体之间发生的物质交换过程有关，如植物与土壤、水、肥料中的核素含量有关；动物与饲料、饮水中的核素含量有关。

四、放射性污染的特点分析

放射性污染与一般化学污染物的污染有着显著的区别，具有以下特点。

（1）放射性污染物的放射性与物质的化学状态无关。

（2）每一种放射性都有其固有的半衰期，不因温度和压力的改变而改变，短的可以快到 10^{-7}s，长的可达 10^9 年之久。

（3）每一种放射性核素都能放射出具有一定能量的一种或几种射线。

（4）除了核反应条件外，任何化学、物理和生物的处理都不能改变放射性污染物的放射性质。

（5）放射性物质进入环境后，可随介质的扩散或流动在自然界迁移，还可在生物体内被富集，进入人体后产生内照射，对人体的危害更大。

五、放射性污染的主要危害

（一）放射性物质进入人体的途径

放射性物质主要从呼吸道、消化道、皮肤或黏膜侵入人体。不同途径进入人体的放射性核素，具有不同的吸收、蓄积和排出的特点。放射性核素的吸收率会受多种因素影响，如肠道内的酸碱度、胃肠道蠕动及分泌程度等。

由呼吸道吸入的放射性物质，其吸收程度与气态物质的性质和状态有关。难溶性气溶胶吸收较慢，可溶性则较快。气溶胶粒径越大，在肺部的沉积越少。气溶胶被肺泡膜吸收时，可直接进入血液流向全身；由消化道进入的放射性物质由肠胃吸收后，经肝脏随血液进入全身；从皮肤或黏膜侵入可溶性物质易被皮肤吸收，由伤口侵入的污染物吸收频率极高；进入人体的放射性核素能在人体内累积。通常每人每年从环境中受到的放射性辐射总量不超过 2mSv，其中天然放射性本底辐射占 50%，其余为放射性污染辐射。

（二）放射线对人体的危害

一切形式的放射线对人体都是有害的。由放射引起的原子激发和电离作用，使机体内起着重要作用的各种分子变得不稳定、化学键断裂生成新分子或诱发癌症。α射线的电离能力最强、射程短、致伤集中，进入机体后产生的内照射危害最大，β、γ射线次之。γ射线穿透能力最强，体外危害性最大，α、β射线次之。人体受到过量的辐射所引起的病症称为"放射病"，其主要有以下几种。

（1）急性放射病。由大剂量照射引起，一般出现在意外核辐射事故和核爆炸时。

（2）慢性放射病。由多次照射、长期累积引起。放射性物质进入环境后，进入环境中的物质循环，产生外照射。通过呼吸、饮水和食物链以及皮肤接触进入人体并产生内照射。

（3）远期影响。是由于急性、慢性危害导致的潜伏性危害。例如照射量在150rad以下时死亡率为零，但在10～20年之后其结果才表现出来。躯体效应有白血病、骨癌、肺癌、卵巢癌、甲状腺癌和白内障等。遗传效应有基因突变和染色体畸变。

六、放射性污染的处理方法

与其他废物的处理相比，放射性废物处理一般只改变放射性物质存在的形态，以达安全处置的目的。对于中、高浓度的放射性物质，采用浓缩、贮存和固化的方法；对于低浓度放射性废物，则采用净化处理或滞留衰减到一定浓度以下再稀释排放。

（一）放射性废水的处理

（1）稀释排放法。我国对放射性废水排放有明确的规定，规定要求排入本单位下水道的浓度不得超过露天水源中限制浓度的100倍，并必须保证单位总排出口水中放射性浓度不超过露天水源中限制浓度。凡是超过上述浓度的放射性废水，必须经稀释或净化处理。

（2）放置衰变法。对含放射性物质半衰期短的废水，也可放置在专门容器内，待放射性强度降低后再稀释排放。存放容器要坚固，不易破裂泄露。

（3）混凝沉降法。采用凝聚剂（如硫酸铝、磷酸盐、三氯化铁等）在水中产生胶状沉淀，将放射性物质沉淀下来。

（4）离子交换法。使废水通过装有离子交换剂的设备，阳离子态的放射性核素与交换剂 H^+、Na^+ 等进行交换；阴离子态的核素与 Cl^- 等交换，从而使废水净化。

（5）蒸发法。目前使用较广。在蒸发过程中的雾沫、冷凝液可能带有放射性,需经检验合格才能排放,原则上仍需处理。

(6)固化法。经过混凝沉降、离子交换、蒸发等处理后,放射性物质已浓集到较小体积的液体中。对这些浓缩液一般采用钢储槽存放。为防钢储槽腐蚀、损坏、泄露,多采用固化法处理。对中低浓度的放射性浓缩液,一般采用沥青、水泥、塑料固化法;对于高浓度放射性浓缩液,采用玻璃固化法、陶瓷固化以及人工合成岩技术。

(二)放射性废气的处理

对铀开采过程中产生的粉尘、废气及其子体,可通过改善操作条件和通风系统来解决。燃料后处理中产生的废气,多为放射性碳和惰性气体,先将燃料冷却 $9\sim10d$,待放射性衰变后,用活性炭或银质反应器系统去除大量挥发性碘。铀矿山、铀水冶厂排出的氡浓度一般较低,多采用高烟囱排放在大气中扩散稀释的办法。对放射性气溶胶可采用普通的空气净化方法,用过滤、离心、洗涤、静电除尘等方法处理。

(三)放射性固体废弃物的处理

主要是指被放射性物质污染的各种物件,例如报废的设备、仪表、管道、过滤器、离子交换树脂以及防护衣具、抹布、废纸、塑料等。对这些废物可分别采用焚烧、压缩、洗涤去污等方法。焚烧使可燃性固体废物体积缩小,并防止废物散失,但需注意放射性废气、灰尘及有机挥发物的处理;压缩是将密度小的放射性废物装在容器内压缩减容;洗涤时对一些可以重新使用的设备器材,用洗涤剂进行去污处理。对大型金属部件因局部受核素污染,去污困难时可用喷镀处理。对放射性固体的最终处理还是广泛采用金属密封容器或混凝土容器包装后,储存于安全之处,让其衰变。目前切实可行的方法是将其埋置于地下 $300\sim1000m$,甚至更深的地层中永久储存。埋置法要求地层屏障能在 $10^4\sim10^5$ 年内阻止核废物进入生物圈。

目前,对放射性核废弃物的最终处置,全世界都还未妥善解决,各个国家都还处于积极探索研究之中。

放射性监测的主要使用仪器

放射性监测仪器种类多，需根据监测目的、试样形态、射线类型、强度及能量等因素进行选择。最常用的监测器有三类，即电离探测器、闪烁探测器和半导体探测器。常用的不同类型放射性监测仪器的特点及应用，见表 5-4 所示。

表 5-4　常用放射性监测器的特点及应用

仪器		特点	应用
电离探测器	电离室	对任何电离都有响应,故不可用于甄别射线类型,适用于测量较强放射性	测量辐射强度及其随时间的变化
	正比计数管	性能稳定、本底响应低、检测效率高,适用于弱放射性测量	α、β粒子的快速计数,还用于能谱测定、β线的探测
	盖革(GM)计数管	检测效率高,有效计数率近100%,对不同的射线类型无法区别	用于检测β射线强度
闪烁探测器		灵敏度高,计数率高	测量α、β、γ辐射强度,鉴别放射性核素,测照射量,吸收剂量
半导体探测器		检测灵敏区范围较小,但对外来射线有很好的分辨率	测α、β、γ辐射,能谱分析并测定吸收量

用放射性测量仪器监测放射性的原理都是基于射线与物质间相互作用能产生各种效应，如电离、发光、热效应、化学效应和能产生次级粒子的核反应等。现将常用的电离探测器、闪烁探测器和半导体探测器的工作原理分别作简单介绍。

一、电离探测器

电离探测器是利用射线通过气体介质时能使气体发生电离的特性而制成的探测器，是通过收集射线在气体中产生的电离电荷而进行测量的。

常用的电离探测器如电离室、正比计数管和盖革（GM）计数管，都是在密闭的充气容器中设置一对电极，将直流电压加在电极上，如图 5-1 所示，当气体发生电离时，产生的正离子和电子在外电场的作用下分别移向两极而产生电离电流。电离电流的大小与外加电压的大小及进入电离室的辐射粒子数目有关，外加电压与电离电流的关系曲线如图 5-2 所示，可分为六个区域。

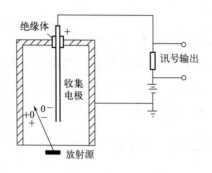

图 5-1　电离室示意图

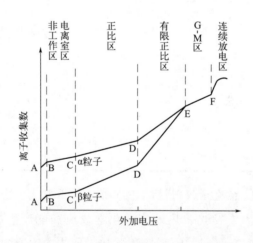

图 5-2　外加电压与电离电流的关系曲线

（1）非工作区。在这一区域，电压较低，正离子和电子的复合概率大，电流随外加电压的增大而增大。

（2）电离室区。在这一区域，外加电压已足够大，离子几乎全被收集，电流会达到一个饱和值，并将是一个常数，不再随电压的增加而改变。

（3）正比区。在这一区域，电离电流突破饱和值，随电压增加而继续增加。这时的外加电压，能使初始电离产生的电子在电场的作用下，向阳极加速运动，并在运动中与气体分子发生碰撞，使之发生次级电离，次级电离产生的大量电子又将继续碰撞气体分子，又有可能再发生三级电离，形成了"电子雪崩"，最终，使到达阳极的电子数大大增加，这一过程被称为"气体放大"。"气体放大"后电离总数与初始电离数之比称为气体放大倍数。由于在此区域内，在电压一定的情况下，气体放大的倍数是相同的（约10^4），最后在阳极收集到的电子数与初始电离的电子数成正比，此区域被称为正比区。

（4）有限正比区。在此区域内，气体放大倍数与初始电离无关，不再是常数，故探测器在这一区域无法工作。

（5）G-M区（盖革-弥勒区）。在这一区域，当外加电压继续增加，分子激发产生光子的作用更加显著，收集到的电荷与初始电离的电子数毫无关系。即不论什么粒子，只要能够产生电离，无论其电离出的电子数目有多少（哪怕只有一对离子），经气体放大后，到达阳极的电子数目基本上是一个常数，因此最终的电离电流是相同的。

（6）连续放电区。在此区域，"电子雪崩"无限制地进行，探测器无法工作。

根据此图不同区域的特性规律，分别制成了三种电离型探测器。

（1）电离室。是利用电离室区的特性制成的探测器。从结构上看，电离室由一个充气的密闭容器、两个电极和两极间有效灵敏体积组成。当射线进入电离室，则主体产生的正离子和电子在外加电场作用下，分别移向两极产生电离电流，射线强度越大，电流越大，利用此关系可以进行定量。

（2）正比计数管。在正比区工作的探测器。正比计数管的结构如图 5-3 所示，是一个圆柱形的电离室，管内充甲烷（或氩气）和碳氢化合物，充气压力与大气压相同，以圆柱筒的金属外壳作阴极，安装在中央的金属细丝作阳极，两极的电压根据充气的性质选定。当外加电压超过正比区的阈电压时，气体放

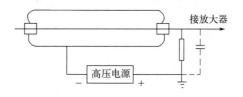

图 5-3　正比计数管示意图

大现象开始出现,在阳极就感应出脉冲电压,脉冲电压的大小,正比于入射粒子的初始电离能,利用这一关系定量。

(3) 盖革(G-M)计数管。在 G-M 区工作的计数管。常用的窗式 G-M 管结构如图 5-4 所示,其基本结构是一个密闭的充气容器,中间的金属丝作为阳极,涂有金属物质的管内壁或另加入一个金属筒作为阴极,窗可以根据探测射线种类的不同分别选择厚端窗(玻璃)或薄端窗(云母或聚酯薄膜)。G-M 管内充约 1/5atm(1atm=101325Pa)的氩气或氖气等惰性气体和少量有机气体(乙醇、二乙醚等),有机气体的作用是防止计数管在一次放电后连续放电。当射线进入管内时,引起惰性气体电离,形成的电流使原来加有的电压产生瞬时电压降,向电子线路输出,即形成脉冲信号,在一定的电压范围内,放射性越强,单位时间内输出的脉冲信号越多,以此达到测量的目的。

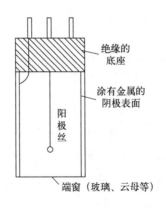

图 5-4　盖革计数管示意图

二、闪烁探测器

闪烁探测器的工作原理是:当射线照在闪烁体上时,发射出荧光光子,光子被收集于用光导和反光材料制成的光电倍增管的光阴极上。光子在灵敏阴极上打出光电子,经倍增放大后,在阳极上产生较小的电压脉冲,此脉冲再经电子线路放大和处理后记录下来。由于脉冲信号的大小与放射性的能量成正比,故可用以定量(图 5-5)。

常用的闪烁体材料有硫化锌粉末(探测 α 射线)、蒽等有机物(探测 β 射线)和碘化钠晶体(探测 γ 射线)。

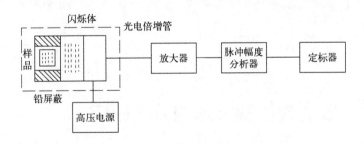

图 5-5　闪烁探测器工作原理

无论是无机或有机闪烁体，都具有受带电粒子作用后其内部原子或分子被激发而发射光子的特性。

三、半导体探测器

半导体探测器的工作原理（如图 5-6 所示）与电离探测器的工作原理相似，所不同的是其检测原件是固态半导体。射线粒子与半导体晶体相互作用时产生的电子-空穴对，在外电场的作用下，分别移向两极，并被电极所收集，从而产生脉冲电流，再经电子线路放大后记录。

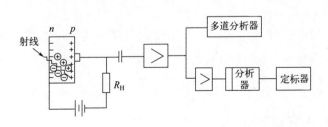

图 5-6　半导体探测器工作原理

由于产生电子-空穴对能量较低，所以该种探测器以其具有能量分辨率高且线性范围宽等优点，被广泛地应用于放射性探测中。如用于 α 粒子计数及α、β 能谱测定的硅半导体探测器；用于 γ 能谱测定的锗半导体探测器〔Ge(Li)γ 谱仪〕等。我国生产的半导体探测器有 GL-5、GL-16、GL-20、GM-5、GM-20、GM-30 等多种型号。

另外，还可以利用照相乳胶曝光法探测放射性。当含放射性样品的射线照在照相乳胶上时，射线与乳胶作用产生电子，电子使卤化银还原成金属银，如同可见光一样，会产生一个潜在的图像，使底片显影后，根据曝光的程度来测定射线强度。

第三节　放射性监测技术的分析研究

一、监测对象及内容

放射性监测按照监测对象可分为：①现场监测，即对放射性物质生产或应用单位内部工作区域所做的监测；②个人剂量监测，即对放射性专业工作人员或公众做内照射和外照射的剂量监测；③环境监测，即对放射性生产和应用单位外部环境，包括空气、水体、土壤、生物、固体废物等所做的监测。

在环境监测中，主要测定的放射性核素为：①α放射性核素，即 ^{239}Pu、^{226}Ra、^{224}Ra、^{222}Rn、^{210}Po、^{222}Th、^{234}U 和 ^{235}U；②β放射性核素，即 ^{3}H、^{90}Sr、^{89}Sr、^{134}Cs、^{137}Cs、^{131}I、^{60}Co。这些核素在环境中出现的可能性较大，其毒性也较大。

对放射性核素具体测量的内容有：①放射源强度、半衰期、射线种类及能量；②环境和人体中放射性物质含量、放射性强度、空间照射量或电离辐射剂量。

二、放射性监测方法

环境放射性监测方法有定期监测和连续监测。定期监测的一般步骤是采样、样品预处理、样品总放射性或放射性核素的测定；连续监测是在现场安装放射性自动监测仪器，实现采样、预处理和测定自动化。

对环境样品进行放射性测量和对非放射性环境样品监测过程一样，也是经过样品采集、样品预处理和选择适宜方法、仪器测定三个过程。

（一）样品采集

（1）放射性沉降物的采集。沉降物包括干沉降物和湿沉降物，主要来源于大气层核爆炸所产生的放射性尘埃，小部分来源于人工放射性微粒。

对于放射性于沉降物样品可用水盘法、黏纸法、高罐法采集。水盘法是用不锈钢或聚乙烯塑料制圆形水盘采集沉降物，盘内装有适量稀酸，沉降物过少的地区再酌加数毫克硝酸锶或氯化锶载体。将水盘置于采样点暴露24h，应始终保持盘底有水。采集的样品经浓缩、灰化等处理后，做总β放射性测量。黏纸法系用涂一层黏性油（松香加蓖麻油等）的滤纸贴在圆形盘底部（涂油面向外），放在采样点暴露24h，然后再将黏纸灰化，进行总β放射性测量。也可以用蘸有三氯甲烷等有机溶剂的滤纸擦拭落有沉降物的刚性固体表面（如道路、门窗等），以采集沉降物。高罐法系用一不锈钢或聚乙烯圆柱形罐暴露于空气中采集沉降物。因罐壁高，故不必放水，可用于长时间收集沉降物。

湿沉降物系指随雨（雪）降落的沉降物。其采集方法除上述方法以外，常用一种能同时对雨水中核素进行浓集的采样器。这种采样器由一个承接漏斗和一根离子交换柱组成。交换柱上下层分别装有阳离子交换树脂和阴离子交换树脂，欲收集核素被离子交换树脂吸附浓集后，再进行洗脱，收集洗脱液进一步做放射性核素分离。也可以将树脂从柱中取出，经烘干、灰化后制成干样品做总β放射性测量。

（2）放射性气溶胶的采集。放射性气溶胶包括核爆炸产生的裂变产物，各种来源于人工放射性物质以及氡、钍射气的衰变子体等天然放射性物质。这种样品的采集常用滤料阻留采样法，其原理与大气中颗粒物的采集相同。

对于其他类型如水体、土壤、生物样品的采集、制备和保存方法与非放射性样品所用的方法类同。

（二）样品预处理

对样品进行预处理的目的是将样品处理成适于测量的状态，将样品的欲测核素转变成适于测量的形态并进行浓集，以及去除干扰核素。常用的样品预处理方法有衰变法、有机溶剂溶解法、蒸馏法、灰化法、溶剂萃取法、离子交换法、共沉淀法、电化学法等。

衰变法是样品采集后，将其放置一段时间，让样品中一些短寿命的非欲测核素衰变除去，然后再进行放射性测量。如测定大气中气溶胶的总α和总β放射性时常用这种方法，即用过滤法采样后，放置 4～5h，使短寿命的氡、钍子体衰变除去。

共沉淀法是指用一般化学沉淀法分离环境样品中放射性核素，因核素含量很低，达不到溶度积，故不能达到分离目的，但如果加入毫克数量级与欲分离放射性核素性质相近的非放射性元素载体，那么由于两者之间发生同晶共沉淀或吸附共沉淀作用，载体将放射性核素载带下来，达到分离和富集的目的。若用 ^{59}Co 作载体共沉淀，^{60}Co 则发生同晶共沉淀；若用新沉淀出来的水合二氧化锰作载体沉淀水样中的钚，则两者间发生吸附共沉淀。这种分离富集方法具有简便、实验条件容易满足等优点。

灰化法是指对蒸干的水样或固体样品，可在瓷坩埚内于马弗炉中灰化，冷却后称重，再转入测量盘中铺成薄层检测其放射性。

电化学法是通过电解将放射性核素沉积在阴极上，或以氧化物形式沉积在阳极上。如 Ag^+、Bi^{2+}、Pb^{2+} 等可以金属形式沉积在阴极；Pb^{2+}、Co^{2+} 可以氧化物的形式沉积在阳极。其优点是分离核素的纯度高。若使放射性核素沉积在惰性金属片电极上，可直接进行放射性测量；若将其沉积在惰性金属丝电极上，可先将沉积物溶出，再制备成样品源。

环境样品经上述方法分解和对欲测放射性核素分离、浓集、纯化后，有的已成为可供放射性测量的样品源，有的尚需用蒸发、悬浮、过滤等方法将其制备成适于测量要求状态（液态、气态、固态）的样品源。蒸发系指将样品溶液移入测量盘或承托片上，在红外灯下徐徐蒸干，制成固态薄层样品源；悬浮系将沉淀形式的样品用水或适当的有机溶剂进行混悬，再移入测量盘用红外灯徐徐蒸干，过滤是将待测沉淀抽滤到已称重的滤纸上，用有机溶剂洗涤后，将沉淀连同滤纸一起移入测量盘中，置于干燥器内干燥后进行测量。还可以用电解法制备无载体的 α 或 β 辐射体的样品源；用活性炭等吸附剂浓集放射性惰性气体，再进行热解吸并将其导入电离室或正比计数管等探测器内测量；将低能 β 辐射体的液体试样与液体闪烁剂混合制成液体源，置于闪烁瓶中测量等。

（三）环境中放射性监测

（1）水样的总 α 放射性活度的测定。水体中常见辐射 α 粒子的核素有 ^{226}Ra、

^{222}Rn 及其衰变产物等。目前公认的水样总 α 放射性安全浓度是 0.1Bq/L，当大于此值时，就应对放射 α 粒子的核素进行鉴定和测量，确定主要的放射性核素，判断水质污染情况。

测定水样总 α 放射性活度的方法是：取一定体积水样，过滤除去固体物质，滤液加硫酸酸化，蒸发至干，在不超过 350℃ 温度下灰化。将灰化后的样品移入测量盘中并铺成均匀薄层，用闪烁检测器测量。在测量样品之前，先测量空测量盘的本底值和已知活度的标准样品。测定标准样品（标准源）的目的是确定检测器的计数效率，以计算样品源的相对放射性活度，即比放射性活度。标准源最好是欲测核素，并且两者强度相差不大。如果没有相同核素的标准源，可选用放射同一种粒子而能量相近的其他核素。测量总 α 放射性活度的标准源常选择硝酸铀酰。水样的总 α 比放射性活度（Q_α）用下式计算

$$Q_\alpha = (n_c - n_b)/(n_s V) \tag{5-5}$$

式中　Q_α——比放射性活度，Bq/L；

　　　V——所取水样体积，L；

　　　n_b——空测量盘的本底计数率，计数/min；

　　　n_s——根据标准源的活度计数率计算出检测器的计数率，计数/(Bq·min)；

　　　n_c——用闪烁检测器测量水样得到的计数率，计数/min。

（2）水样的总 β 放射性活度测量。水样总 β 放射性活度测量步骤基本上与总 α 放射性活度测量相同，但检测器用低本底的盖革计数管，且以含 ^{40}K 的化合物作标准源。

水样中的 β 射线常来自 ^{40}K、^{90}Sr、^{129}I 等核素的衰变，其目前公认的安全水平为 1Bq/L。^{40}K 标准源可用天然钾的化合物（如氯化钾或碳酸钾）制备。天然钾化合物中含 0.0119% 的 ^{40}K，比放射性活度约为 1×10^7Bq/g，发射率为 28.3β 粒子/(g·s) 和 3.3γ 射线/(g·s)。用 KCl 制备标准源的方法是：取经研细过筛的分析纯 KCl 试剂于 120~130℃ 烘干 2h，置于干燥器内冷却。准确称取与样品源同样质量的 KCl 标准源，在测量盘中铺成中等厚度层，用计数

管测定。

（3）土壤中总 α、β 放射性活度的测量。土壤中 α、β 总放射性活度的测量方法是：在采样点选定的范围内，沿直线每隔一定距离采集一份土壤样品，共采集 4～5 份。采样时用取土器或小刀取 10cm×10cm、深 1cm 的表土。除去土壤中的石块、草类等杂物，在实验室内晾干或烘干，移至干净的平板上压碎，铺成 1～2cm 厚方块，用四分法反复缩分，直到剩余 200～300g 土样，再于500℃灼烧，待冷却后研细、过筛备用。称取适量制备好的土样放于测量盘中，铺成均匀的样品层，用相应的探测器分别测量 α 和 β 比放射性活度（测 β 放射性的样品层应厚于测 α 放射性的样品层）。α 比放射性活度（Q_α）和 β 比放射性活度（Q_β）分别用以下两式计算：

$$Q_\alpha = (n_c - n_b) \times 10^6/(60\varepsilon slF) \tag{5-6}$$

$$Q_\beta = 1.48 \times 10^4 n_\beta/n_{KCl} \tag{5-7}$$

式中　Q_α——α 比放射性活度，Bq/kg 干土；

　　　Q_β——β 比放射性活度，Bq/kg 干土；

　　　n_c——样品 α 放射性总计数率，计数/min；

　　　n_b——本底计数率，计数/min；

　　　ε——检测器计数率，计数/（Bq·min）；

　　　s——样品面积，cm²；

　　　F——自吸收校正因子，对较厚的样品一般取 0.5；

　　　l——样品单位面积质量，mg/cm²；

　　　n_β——样品 β 放射性总计数率，计数/min；

　　　n_{KCl}——氯化钾标准源的计数率，计数/min；

1.48×10⁴——1kg 氯化钾所含⁴⁰K 的 β 放射性的贝可数。

（四）个人外照射剂量监测

个人外照射剂量用佩戴在身体适当部位的个人剂量计测量，这是一种小型、轻便、容易使用的仪器。常用的个人剂量计有袖珍电离室、胶片剂量计、热释光体和荧光玻璃。

第四节　电磁辐射污染监测技术

一、电磁辐射

（一）电磁辐射的含义

在电磁振荡的发射过程中，电磁波在自由空间以一定速度向四周传播，这种以电磁波传递能量的过程或现象称为电磁辐射。电磁辐射能随频率的增高而增大，低频率的辐射能则较弱。一般发电厂发出的交流电的频率约为 $50\,Hz$，在电路中它所辐射的电磁波能量可忽略不计，若要产生有效的辐射，波源的最低频率需在 $10^5\,Hz$ 以上。

（二）电磁辐射产生的方式

电磁辐射以其产生方式可分为天然和人工两种。天然产生的电磁辐射主要来自地球的热辐射、太阳的辐射、宇宙射线和雷电等；人工产生的电磁辐射主要来自某些电子设备和电气装置的工作系统，其中包括：①高频感应加热设备，如高频焊接机、高频熔炼炉等；②高频介质加热设备，如塑料热合机、干燥处理机等；③短波、超短波理疗设备；④微波发射设备；⑤无线电广播与通信等各种射频设备。常见的高频电磁场、微波技术应用及设备辐射源如表 5-5 所示。

表 5-5　常用射频技术及辐射源

波段	射频技术应用	辐射源
中波短波	1. 感应加热（淬火、熔炼、焊接、切割等） 2. 介质加热（木材、粮食、纸张、茶叶、干燥、塑料热合等） 3. 无线电通信、广播 4. 理疗设备	高频振荡管、高频变压器、馈线、感应圈、工作电极、耦合电容器等
超短波	1. 无线电通信、广播、电视 2. 射频溅射等工业应用 3. 治疗	振荡回路、工作电路、馈线、天线、电极等

波段	射频技术应用	辐射源
微波	1. 无线电定位（雷达等）、导航 2. 无线电天文学、气象学 3. 无线电通信、电视、食品、热疗	磁控管、速调管、波导管、天线、辐射器等

二、电磁辐射污染的危害

电磁辐射污染是指天然和人为的各种电磁波干扰，和对人体有害的电磁辐射。虽然电磁辐射属于非电离辐射，其危害性远低于放射性污染，但电磁辐射对环境和人类仍然存在威胁，其危害性主要体现为以下几个方面。

（一）引燃引爆

极高频辐射场可使导弹系统控制失灵，造成电爆管效应的提前或滞后；更为严重的是由于高频电磁的振荡可使金属器件之间相互碰撞而打火，引起火药、可燃油类或气体燃烧爆炸。

（二）干扰信号

电磁辐射可直接影响电子设备、仪器仪表的正常工作，造成信息失真、控制失灵，以致酿成大祸。如会引起火车、飞机、导弹或人造卫星的失控；干扰医院的脑电图、心电图等信号，使之无法正常工作。

（三）危害人体健康

电磁辐射可对人体产生不良影响，其影响程度与电磁辐射强度、接触时间、设备防护措施等因素有关。若人体长期受到较强的电磁辐射，将造成中枢神经系统及自主神经系统机能障碍与失调。常见的有头晕、头痛、乏力、睡眠障碍、记忆力减退等为主的神经衰弱综合征及食欲不振、脱发、多汗、心悸、女性月经紊乱等症状。反映在心血管系统可见心律不齐、心动过缓等。微波对人体的影响除上述症状外，还可能造成眼睛损伤（如晶体混浊、白内障等）。

三、电磁辐射监测

电磁辐射的监测按监测场所分为作业环境、特定公众暴露环境、一般公众暴露环境监测；按监测参数分为电场强度、磁场强度和电磁场功率通量密度等监测。监测仪器根据测量目的分为非选频式宽带辐射测量仪和选频式辐射测量仪，如表 5-6 和表 5-7 所示。

表 5-6　常用非选频式宽带辐射测量仪

名称	频带	量程	各向同性	探头类型
微波漏能仪	$0.915 \sim 12.4 \text{GHz}$	$0.005 \sim 30 \text{mW/cm}^2$	无	热偶结点阵
微波辐射测量仪	$1 \sim 10 \text{GHz}$	$0.2 \sim 20 \text{mW/cm}^2$	有	肖特基二极管偶极子
电磁辐射监测仪	$0.5 \sim 1000 \text{MHz}$	$1 \sim 1000 \text{V/m}$	有	偶极子
全向宽带近区场强仪	$0.2 \sim 1000 \text{MHz}$	$1 \sim 1000 \text{V/m}$	有	偶极子
宽带电磁场计	$E:0.3 \sim 3000 \text{MHz}$ $H:0.5 \sim 30 \text{MHz}$	$E:0.5 \sim 1000 \text{V/m}$ $H:1 \sim 2000 \text{A/m}$	有	偶极子 环天线
宽带电磁场计	$E:20 \sim 10^5 \text{Hz}$ $H:50 \sim 60 \text{Hz}$	$E:1 \sim 20000 \text{V/m}$ $H:1 \sim 2000 \text{A/m}$	有	偶极子 环天线
辐射危害计	$0.3 \sim 18 \text{GHz}$	$0.1 \sim 200 \text{mW/cm}^2$	有	热偶结点阵
辐射危害计	$200 \text{kHz} \sim 26 \text{GHz}$	$0.001 \sim 20 \text{mW/cm}^2$	有	热偶结点阵
宽带全向辐射监测仪	$0.3 \sim 26 \text{GHz}$	8621B 探头:$0.005 \sim 20 \text{mW/cm}^2$ 8623 探头:$0.05 \sim 100 \text{mW/cm}^2$	有	热偶结点阵
宽带全向辐射监测仪	$10 \sim 300 \text{GHz}$	8631:$0.005 \sim 200 \text{mW/cm}^2$ 8633:$0.05 \sim 100 \text{mW/cm}^2$	有	热偶结点阵
宽带全向辐射监测仪	$0.3 \sim 26 \text{GHz}$ $10 \sim 300 \text{MHz}$	8621B:$0.005 \sim 20 \text{mW/cm}^2$ 8631:$0.05 \sim 100 \text{mW/cm}^2$	有	热偶结点阵
宽带全向辐射监测仪	8635、8633:$10 \sim 3000 \text{MHz}$ 8644:$10 \sim 3000 \text{MHz}$	8633:$0.05 \sim 100 \text{mW/cm}^2$ 8644:$0.0005 \sim 2 \text{W/cm}^2$ 8635:$0.0025 \sim 10 \text{W/cm}^2$	有	热偶结点阵 环天线
宽带全向辐射监测仪	由决定选用探头	由决定选用探头	有	热偶结点阵 环天线
全向宽带场强仪	$E:5 \times 10^{-4} \sim 6 \text{GHz}$ $H:0.3 \sim 3000 \text{MHz}$	$E:0.1 \sim 30 \text{V/m}$ $H:0.1 \sim 1000 \text{A}^2/\text{m}^2$	有	偶极子 磁环天线

表 5-7　常用选频式辐射测量仪

名称	频带	量程	备注
干扰场强测量仪	$10 \sim 150 \text{kHz}$	$24 \sim 124 \text{dB}$	交直流两用
干扰场强测量仪	$0.15 \sim 30 \text{MHz}$	$28 \sim 132 \text{dB}$	交直流两用
干扰场强测量仪	$28 \sim 500 \text{MHz}$	$9 \sim 110 \text{dB}$	交直流两用
干扰场强测量仪	$0.47 \sim 1 \text{GHz}$	$27 \sim 120 \text{dB}$	交直流两用

名称	频带	量程	备注
干扰场强测量仪	0.5～30MHz	10～115dB	交直流两用
场强仪	2×10^{-8}～18GHz	1×10^{-8}～1V	NM-67 只能用交流
EMI 测试接收机	9kHz～30MHz 20MHz～1GHz 5Hz～1GHz 20Hz～5GHz 20Hz～26.5GHz	＜1000V/m	交流供电、 显示被测场 频谱
电视场强计	1～56 频道	灵敏度：10μV	交直流两用
电视信号场强计	40～890MHz	20～120dB	交直流两用
场强仪	40～860MHz	20～120dB	交直流两用

参 考 文 献

[1] 何国富，徐慧敏．河流污染治理及修复技术与案例［M］.上海：上海科学普及出版社，2012.

[2] 胡保卫，王祥科，邱木清．土壤污染修复技术研究与应用［M］.杭州：浙江科学技术出版社，2020.

[3] 江晶．大气污染治理技术与设备［M］.北京：冶金工业出版社，2018.

[4] 李丽娜．环境监测技术与实验［M］.北京：冶金工业出版社，2020.

[5] 廖权昌，殷利明，白昌建，等．污废水治理技术［M］.重庆：重庆大学出版社，2021.

[6] 刘雪梅，罗晓．环境监测［M］.成都：电子科技大学出版社，2017.

[7] 王海萍，彭娟莹．环境监测［M］.北京：北京理工大学出版社，2021.

[8] 王欢欢．土壤污染治理责任研究［M］.上海：复旦大学出版社，2020.

[9] 杨波．水环境水资源保护及水污染治理技术研究［M］.北京：中国大地出版社，2019.

[10] 张艳．环境监测技术与方法优化研究［M］.北京：北京工业大学出版社，2022.

[11] 崔西勇，尹峰，刘澜涛，等．我国食品中放射性物质检测技术能力分析［J］.中国食品卫生杂志，
2023，35（2）：271-277.

[12] 邓元秋．浅析环境检测技术存在的问题及解决措施［J］.中国设备工程，2023（12）：18-20.

[13] 杜开健．水环境检测中重金属检测技术的应用［J］.清洗世界，2023，39（4）：80-82.

[14] 冯淇．生态环境检测实验室现场采样质量管理技术数字化研究与应用［J］.皮革制作与环保科技，
2021，2（21）：68-69.

[15] 冷峻，杨坤，姜燕．环境检测技术和生态持续发展思考［J］.皮革制作与环保科技，2022，3（13）：
182-184.

[16] 李辉．环境检测技术的不足与应对措施［J］.清洗世界，2023，39（6）：148-150.

[17] 李继武．光谱分析技术在环境检测中的应用前景研究［J］.环境工程，2022，40（9）：354-355.

[18] 梁家乐，郝军，王强，等．水环境检测中重金属检测技术运用分析［J］.皮革制作与环保科技，
2023，4（8）：11-13.

[19] 刘敏敏，钱佳．探析现代生物技术在环境检测中的应用［J］.资源节约与环保，2021（12）：73-
75＋88.

[20] 刘强．我国环境检测技术发展现状及未来发展趋势［J］.化工设计通讯，2022，48（3）：183-185.

[21] 刘文欣，刘英民，郑毅．地下水中 α、β 放射性检测时间优化研究［J］.化工设计通讯，2023，49
（5）：170-171＋186.

[22] 卢勇锋．生态环境检测及环保技术的有效应用探讨［J］.皮革制作与环保科技，2022，3（9）：
181-183.

[23] 马云娟，杨硕，王钦．环境检测技术存在的问题及解决措施［J］.清洗世界，2022，38（1）：
115-116.

[24] 米亚峰，高晓娜，杨莹莹，等．水环境检测中重金属检测技术的应用［J］.皮革制作与环保科技，
2022，3（16）：18-20＋23.

［25］ 孙平波，蒋金洪．检测环境 PM 值灰粉尘报系统设计［J］．装备制造技术，2021（11）：40-42.

［26］ 唐斌，王君斌．放射性检测仪表在高压法三聚氰胺后反应器中的应用［J］．化工管理，2023（4）：142-146.

［27］ 王熳，宋金洪，武中波，等．环境检测技术的研究和生态可持续发展探讨［J］．全面腐蚀控制，2023，37（1）：57-59.

［28］ 王晓波，田立平，郑振魁，等．生活饮用水中放射性指标检测技术的探讨［J］．福建分析测试，2021，30（5）：46-48.

［29］ 王晓东．大气污染环境监测技术及治理［J］．黑龙江科学，2023，14（2）：162-164.

［30］ 张翰林，张海林，张笑．化工环境检测技术存在的问题及对策［J］．化工管理，2022（36）：75-77.

［31］ 隋鲁智，吴庆东，郝文．环境监测技术与实践应用研究［M］．北京：北京工业大学出版社，2021.

［32］ 公华林，刘娅琳，孙军，等．环境监测与环境监测技术的发展［J］．黑龙江环境通报，2022，35（04）：17-20.

［33］ 郭思晓．生态环境保护中污染源自动监测技术应用研究［J］．资源节约与环保，2021，（10）：69-71.

［34］ 沈贤永，张丽莉．环境监测在生态环境保护中的作用及发展措施［J］．环境与发展，2017，29（9）：149-150.

［35］ 龙育堂，刘世凡，熊建平，等．苎麻对稻田土壤汞净化效果研究［J］．农业环境保护，1994，（01）：30-33.

［36］ 田吉林，诸海焘，杨玉爱，等．大米草对有机汞的耐性、吸收及转化［J］．植物生理与分子生物学学报，2004，（05）：577-582.

［37］ 刘平，仇广乐，商立海．汞污染土壤植物修复技术研究进展［J］．生态学杂志，2007，（06）：933-937.